Hotel

de insectos

Juan-José Reyes Ríos

Dedico esta obra a mi esposa.

SINOPSIS

"**Hotel de insectos**" no es un cuento que trate sobre uno de esos hoteles (cuyos materiales son ladrillos porosos o terracota, ramas, cañas, troncos, cortezas, turbas, etc.) que acogen a insectos beneficiosos, los cuales se alimentan de las plagas, no. Es un cuento que discurre fundamentalmente en un hotel abierto a clientes que son insectos herbívoros y demás... Bueno, el resto lo sabrán cuando lo lean. Un hecho mágico que sufrieron ambos protagonistas -tomando la forma de polilla-, sirvió para que lidiaran con las sombras que moran en los escondrijos del cosmos y tuvieran una visión más intensa del instante luminoso, así como de los abismos que alteran la dimensión espiritual. Para finalizar, diré a los aficionados al mundo de los insectos y entomólogos, a modo de disculpa, que el rigor no es propio de cuentistas.

ÍNDICE

Prólogo

Si tú, apreciado lector, como buen amante del variado mundo de los insectos, te has fijado en la foto de portada del libro que has comenzado a leer, verás que ella, esa libélula de fuertes mandíbulas y un cuerpo de atractivos mosaicos coloristas, que vive en estanques, riachuelos y ríos, es un animal carnívoro. Ha dado amplios giros en el estanque e increíbles ejercicios acrobáticos y, sin estar cansada (esto lo afirmo yo), reposa sujeta a una verde hoja. Si vienen nuevos insectos voladores al estanque, no la advertirán, porque allí, tan inmóvil como pegada a la hoja, es como sujeto ausente. Mas no os fiéis de ella, porque fácil y rápidamente se desprende de la hoja y devora larvas descuidadas de crustáceos, abismados moluscos y dicharacheros renacuajos y todo clase insectos voladores. Pero también ella es presa de mantis religiosas, de arañas, de pájaros y de otras libélulas más poderosas que ella. Todo tiene su haz y su envés.

1.

Hotel de insectos

Como cada atardecer, paseaba con Hans conversando acerca de los límites del universo. Él hacía hincapié en la posibilidad de que no hubiese realmente un sólo universo, sino universos paralelos. Yo, por el contrario, señalaba como más probable -atendiendo a las nociones de astronomía, de astronáutica, y a mis propias reflexiones en torno al asunto-, que el espacio visible, observable a través del Telescopio espacial Hubble, no fuese sino el espacio propio de un agujero negro, que formara parte del universo entero.

-Te expondré una idea biológica que me servirá para afianzar mi posición -comencé mi reflexión orientando la visión espacial hacia los medios aéreo y acuático de nuestro mundo-. Piensa en el **neuston:** ese conjunto de organismos de dimensiones reducidas que viven en contacto con la película superficial del agua dulce estancada (estanques, lagos), trasladándose por ella o, como el garapito, que se desplaza de espalda remando con las patas por debajo de la película superficial del agua, es decir: flota contra la cara interna de la lámina superficial. Entre los que se desplazan en la fase de contacto aire-agua, está el llamado el zapatero, que no nada, sino que es un patinador sobre el agua. Son animales cuyos cuerpos y extremidades se apoyan y deprimen la superficie formando un ángulo que depende del tipo de revestimiento que posee el cuerpo del animal y de la tensión superficial del agua. En el medio marino están las chinches de mar. Además de los insectos, forman parte del neuston de agua dulce, arañas, pequeños gusanos, caracoles y organismos microscópicos como los protozoos[1]. Tanto el organismo que observa, bajo el agua, contra la película superficial, como el que lo hace desde la superficie, tienen ante sí un límite. Imaginemos una pompa de jabón -tal pompa sería el espacio visible a través del Telescopio espacial Hubble-, progresando por un espacio superior que la contiene. Si pudiéramos acercarnos a su límite -cual hacen esos dos organismos que he mencionado-, pegar nuestras narices en el borde interior de la película y mirar afuera, tratando de averiguar la estructura exterior, su contexto y el orden que la configura, comprenderíamos que no se trata de un cuento para niños. En ese marco...

-Es una comprobación insostenible, apreciado Juan -replicó Hans, cortando el hilo de mi pensamiento-. Sería como un pequeño universo dentro de un universo mayor; y si el menor se halla en expansión, ¿qué decir del que lo contiene? Además, ¿por qué realizar copias de la visión más sencilla y congruente? Existe un universo en su completitud, y otros cercanos o lejanos a este.

---

[1]   Ideas morfológicas tomadas del web: *lahistoriaconmapas.com.*

-Entonces, ¿cómo definir ese espacio entre universos, que propones? -inquirí.

En este preciso instante sucedió algo inconcebible. Primero nos sacudió un vehemente torbellino, seguido de distorsiones, transformaciones corporales, y una pérdida temporal de conocimiento, pero más persistente e insufrible que un vahído. Al final, cuando todo lo dispuesto se había operado, al margen de nuestra voluntad, miré estupefacto a Hans, que ya no era el que había sido, sino que su cuerpo había tomado la forma de una polilla tejedora de la ropa, con sus alas estrechas, doradas y brillantes. Y su cabeza... ¡ay, su cabeza! De su cabeza salía un penacho de erectos pelos rojizos.

-¿Eres Hans? -pregunté a la polilla que tenía cerca de mí, para asegurarme de que era mi amigo y, si en tal caso, mantenía su capacidad de pensar y expresar predicados.

-Me veo reflejado en tus ojos. Admito que tú también eres una polilla tejedora de la ropa -contestó la polilla que tenía ante mí, que no era sino Hans, pero con otra morfología. Y añadió-. Pero... ¿qué nos ha sucedido?

-Alguien, quizá un mago, nos ha transformado en insectos. Tal vez pretenda que ensanchemos nuestro conocimiento acerca del universo, desde la variopinta vivencia insectil -repuse.

-A ese mago, sin duda le has dado una idea con tu disertación acerca de neuston -replicó Hans, bajo la forma corporal, desde ahora, de polilla de la ropa. Hizo una breve pausa y agregó-. Con tan enérgica torcedura de todo mi ser, con tal repliegue y soberbia alteración he quedado exhausto

-También yo. ¡Esto no puede suceder! Nosotros dos seres gentiles y espirituales mostramos, ahora, caparazones de artrópodos. Sin duda nos hallamos respirando dentro de un sueño -observé. Y añadí-. Mi cerebro es de bípedo y no de insecto que, cuando no vuela, tiene el suelo como espejo.

-Quizá sea prudente que, si no aleteamos, por lo menos comencemos a mover las alas. Anda por ahí tanto bicho carnívoro, insectívoro, depredador que... -soltó Hans.

-No me asustes. Aún hemos de adaptarnos a la nueva naturaleza. Tantas patas y esas largas alas, me privan del equilibrio que antes exhibía. Nuestra vida sencilla de humilde bípedo se ha desvanecido -expresé.

-¿Querrá, el que ha obrado tal maravilla, que alcancemos la perfección, una perfección que sólo nos puede conceder la vida insectil? -pregunté.

-Oigo un revolotear, un intenso batir de alas que se aproxima -observó Hans.

-En ese caso no será una alimaña -hice una breve pausa y miré, con dificultad, a lo alto-. No es, afirmaría, una mosca brava, carnicera, o del estiércol. Más bien parece la de la fruta, si es que no yerro en mi apreciación -razoné.

-Es momento oportuno para sacudirse uno las moscas -soltó Hans.

-Sosiégate. ¡No ves que viene a dialogar con nosotros! Tal vez su sueño nos despierte del nuestro -manifesté, alterando mi serenidad, por momentos.

-¡Hola, gentiles! -exclamó la mosca posándose a nuestra vera.

-¡Hola! -contestamos al unísono.

-Sabed que yo, como vosotros, era bípeda. Sufrí una transformación cuando paseaba, escuchando música, por esta alameda -hizo una pausa y añadió-. Mi nombre es Ada.

-Yo soy Juan -me presenté.

-Y yo, Hans -se presentó mi compañero.

-Os he visto en tarde tan calurosa y decidí daros un consejo, que es el siguiente: no paséis la noche a la intemperie, ya sea en el verdor o en pleno bosque, pues además de las alimañas, de los insectos carnívoros y demás animales devoradores de insectos que andan por el suelo, están esos golosos que vuelan como el petirrojo, el mirlo, el ruiseñor, la golondrina... etcétera -aconsejó Ada.

-Pues... ¿dónde hemos de pernoctar? -interrogó Hans.

-Venid conmigo al Hotel de insectos -repuso. Y agregó a continuación-. Se halla en un pequeño bosque, junto a una plazoleta en la que hay bancos. Volando no tardaremos ni cinco minutos en llegar.

Ada nos guió, volando, hacia el Hotel de insectos. Ella volaba con asombrosa ligereza, mientras que nosotros, batiendo impetuosamente las alas, es decir, agitándolas con mucha frecuencia, generábamos zumbido y apenas acelerábamos en el vuelo. Volé detrás de ella, apreciando el colorido de sus alas; parecían irisadas, pero dado lo poco acostumbrado que estaba a mis nuevos ojos compuestos, deseché tal intención.

Me costaba mantener el equilibrio en el vuelo, la deseada concordancia en el batir de alas; y así como Ada, a trechos planeaba, yo lo evitaba: la emoción me superaba. "Somos, Hans y yo, lepidópteros por mor de un funesto hado; y ese ornato discutible de penacho, formado por erectos pelos rojizos, me irrita", dije a mis adentros. Sobrevolamos la plazoleta del bosque y, en un rincón, junto a un conjunto de piedras, se alzaba una majestosa edificación, con sus bajos ventanales y sus fastuosos aleros. El acceso a la entrada del hotel era una amplia avenida, flanqueada por piedras de colores, que desembocaba en una puerta mimbreña, la cual permanecía abierta, gracias a la vigilancia de verdaderos guardias o centinelas, de abejas (o cigarras, según el turno, igualmente armadas, como pude comprobar poco después), con fajas de recias mimbres resguardando sus abdómenes y largas espinas de cactus 'euphorbia', utilizadas a modo de picas. Como digo, abejas o cigarras que no eran sino agentes que velaban las veinticuatro horas del día por la seguridad. Dentro, según nos informó Ada, en los pasillos de las plantas que comunicaban con las habitaciones, también se apostaban los centinelas armados, en el lado que daba con las bajas ventanas, por si algún insecto volador, algún intruso indeseable entraba por cualquiera de ellas.

Junto al umbral de entrada había un letrero que rezaba:

[HOTEL DE INSECTOS]

{Prohibida la entrada a insectos carnívoros y devoradores. A los insectos necrófagos o carroñeros y a los hematófagos, se les permite la entrada, pero serán vigilados en todo momento. Una vez se registren, se les asignará una habitación, que dependerá de la masa corporal del cliente. Queda terminantemente prohibido el acceso a crustáceos, incluida la cochinilla de la humedad. A los más diminutos se los alojará en las habitaciones del séptimo y último piso. Suban, por la derecha, las rampas de acceso a los pisos y bajen por la derecha de las mismas. Al final de su alojamiento deberán pagar con sustancias vegetales: pieles secas de alimentos, semillas, pétalos y sépalos de flores no marchitas, y también especias}.

-El Regente-

Entramos al vestíbulo y nos dirigimos a Información y Registro. Guardamos el turno. Barrenillos del sauce, álamo o pino[2], echados en un

---

[2]   Insecto **coleóptero** (dícese de los insectos que tienen boca dispuesta para masticar, caparazón consistente y dos élitros córneos que cubren dos alas membranosas, plegadas al través cuando el animal no vuela), **escolítido** (gusano, por la semejanza de sus larvas con un gusano), que horada la corteza de los árboles (pino, sauce, álamo...).

rincón, armaban alboroto jugando a los naipes. Un insecto palo, tumbado sobre un sucedáneo de hojarasca a la entrada de un salón -Salón de herbívoros, rezaba el letrero-, parecía elucubrar junto a una imitación vegetal, poco fidedigna, de mariposa crepuscular y a un fósil de 'dickinsonia' (un antiquísimo poliqueto -tipo anélido- de cuerpo ancho y aplanado, que puede alcanzar tamaños excepcionales, de hasta 45 cm de longitud). Mientras nos registrábamos, vino a mi mente la idea de que abundaban en la naturaleza los insectos depredadores, los reptiles devoradores de insectos y las aves depredadoras de artrópodos de respiración traqueal. Esos centinelas armados, abejas y cigarras, según el turno, guardianes del hotel y de sus aledaños, tendrían que vérselas con arañas, hormigas, cucarachas, grillos, grillos topo, mantis religiosas, babosas (de estas y caracoles se alimentan las luciérnagas, las cuales despiden fosforescencia al anochecer), gusanos, lombrices, libélulas, mariquitas, lagartijas, camaleones, salamanquesas, topos, osos hormigueros (si bien de la presencia de estos en los contornos no tenía fiel información, aunque siendo polilla y no hormiga...), petirrojos, ruiseñores, golondrinas, mirlos. Y otros animales que, para no extenderme, omito.

-Soy muy dadivoso. Nuestro acuerdo es beneficioso para ustedes y para el buen funcionamiento del hotel. Pero, por favor, estarán más cómodos jugando en el interior del Gran Salón -expresó, con rostro de seriedad un moscardón, que supuse era el regente del hotel.

Entonces medité lo siguiente: "¿Cuál será ese acuerdo?". Sin duda mostré, inevitablemente, un rostro de extrañeza, pues un ciervo volante (un varón de grandes mandíbulas y tamaño), situado detrás, dijo, dirigiéndose a mí:

-Es Ciro, el gerente del hotel. Ellos, los barrenillos del sauce, evitan que su especie u otra estropeen los sauces del saucedal llamado 'Luz de verde-silencio'. Con esos sauces reparan, los empleados del hotel, armaduras y demás objetos de mimbre.

-¡Gracias, por su aclaración! -exclamé a ese insecto varonil, cuya cabeza me transmitía indeseable temor.

"Barrenillos -pensé-. ¡Ah! Esos que se ocultan en las hendiduras de las cepas viejas, o debajo de la hojarasca y otros residuos vegetales. Recuerdo que el insecto perfecto come hasta la profundidad que permite su trompa, atravesando la corteza y la capa del cámbium[3]. Viven sobre las ramillas y varas del mimbre chupando jugos vegetales. Se trasladan mediante grandes saltos. Alguna vez, los denominé insectos saltarines; son difíciles de capturar".

Detrás de él, un gorgojo mantenía su rostro alargado, en forma de largo hociquillo, aniquilando de mi mente cualquier intento de asociación con una

---

[3] Líquido viscoso que durante algún tiempo se creyó existía entre la madera y el líber de las plantas dicotiledóneas, y que después se ha demostrado que se trata de un verdadero tejido de **utrículos** de paredes muy delicadas. Los **utrículos** son cavidades que hay en ciertas plantas y de los granos de polen que contiene el fluido fecundante.

tan presente y extendida cabeza oval. Sin ánimo de que mi apreciación pudiese ser considerada por el lector, en el futuro, como una extravagancia, diría que su cabeza era una contradicción cósmica, tan lineal, tan de barrita, tan opuesta a la propensión esferoidal... "¿Cómo -dije a mis adentros, con pasmosa extrañeza- pudo tener, en sus orígenes, dicha especie, tal voluntad, tal aspiración para el diseño de su testa? Cierto que los grados de belleza o de fealdad son subjetivos, pero un rostro con expresión tan perforadora... El universo, en su creación de formas vivientes, cumple la más espléndida generación de fantasía".

La breve observación de su rostro produjo en mis adentros un vacío absoluto. "Sí -añadí, poco después, recuperando el sentido-, me rindo ante la sugerente tesitura del universo palpitante".

-¿Qué te sucede, Juan? Te veo como extrañado -expresó Hans, acercando su faz a la mía.

-Por lo visto, no estoy acostumbrado a ver rostros de insectos. Quizá se deba a mi escasa visión. Recuerdo -lo leí en algún libro- que la agudeza visual de los artrópodos es de un sexagésimo en relación con la del hombre. No obstante, superaré tan deficiente disposición -aclaré.

-Eso si no nos topamos con una esfinge de la calavera, con un 'heteronotus vulnerans", con un 'sphongophorus ballista', con un 'tetris lucifer' o con una polilla vampiro, que también las hay. Éstas, que antes se alimentaban de frutas, ahora se alimentan de la sangre de los animales. Como puedes apreciar, desconozco el nombre común de muchos de ellos -manifestó Hans.

Cuando Ada (la mosca de la fruta), que estaba detrás, acabó de registrarse -le dieron la puerta número 720-, nos dirigimos a la rampa. Al dar yo un giro, vi cómo se unían a la cola dos hermosas y femeniles mariposas: una saturnia y su compañera, una bellísima urania, que me encandiló. "¡Una urania crepuscular, la justamente llamada mariposa de la luz! -grité a mis adentros. Y añadí-. La musa de la astronomía no me dejará solo en este trance. A puesto a mi vera, para que me deleite con su presencia, tal beldad, tal gracia dotada de tanta energía sensual. Su colorido me embelesa, me conmueve, olvidándome del porqué sus particulares escamas provocan la dispersión coherente de la luz, es decir: provocan la difracción de la luz".

-Es una hermosa urania, esa a la que acabas de penetrar con tu voluptuosa mente -soltó Hans. Y añadió, musitándome al oído-. Ada nos acercará a ella con sutileza, no te preocupes.

Cuando empezamos a subir la rampa, vimos cómo dos guardianes arrastraban abajo una araña moribunda que, de inmediato, arrojarían en cualquier rincón fuera del hotel. Luego nos enteramos de que tal araña, se introdujo sigilosamente por una ventana abierta y acometió a una mosca que dormitaba en su habitación, pero que, la imprudente, se había olvidado de cerrarla.

Hans y yo nos despedimos de Ada en la segunda planta. Ella tuvo que subir más arriba.

En el pasillo de la segunda planta, vimos varios centinelas, vigilando los ventanales y toda aparición extraña dentro del edificio. En la oscuridad de la noche, intrusos voraces podían confundirse con las sombras. En mi vida sencilla de bípedo, pude apreciar el sigilo y maña de horrendas arañas que tejen sudarios para vivientes, de difícil desgarro. No obstante, la presencia de tales vigilantes armados mermaba nuestra inquietud. Por momentos, dejé de pensar en mis posibles enemigos: ciertas aves, las ranas y pequeños mamíferos como murciélagos.

Ya en la habitación -nos asignaron la número 222-, hallamos una estera redonda de mimbre (menos mal que no se trataba de ropa, ni de nada parecido a los tejidos de los hombres) y un plato -formado con hojas de sauce-, donde había aguamiel, y fragmentos de grosellas espinosas y guindas silvestres. A un lado de la habitación había dos ramas secas, arqueadas que, sin duda, servirían para abrazarnos a ellas cuando nos entrara el sueño. Fue entonces cuando me vino de repente a la mente la no contestada pregunta de mis años mozos, a saber: "¿duermen los insectos?". No os quepa la duda de que aquella noche soñé. Y al amanecer, recién abiertos los ojos, estaba abrazado a una rama seca de las que había en la habitación. Claro que mi mente no era la de un mero insecto, pues la herencia bípeda correteaba por ella.

-Es un dormitorio doble muy apropiado -soltó Hans, y agregó-. Aun sin voraz apetito, ¡bebamos aguamiel y capeemos nuestra coyuntura!

-Amigo Hans -dije, descansando en la estera- estoy agotado. Mis alas son estrechas pero largas, y no me estremezco, en este momento, considerando las bolitas de alcanfor, sino el pomposo e irreverente penacho que sale brioso de mi cabeza. Sabes muy bien que siempre abominé de toda pomposidad.

-¡Aúpa el ánimo, fiel amigo! -manifestó Hans, recitando-. Esta contingencia, esta peripecia o avatar, nos conducirá a comprender más cabalmente la flor de la vida, la débil llamada de otros mundos, el cristal anamórfico del bien y del mal, esa energía espiritual que dimana de una visión divinal, lo que hay más allá de uno mismo (quizá la existencia de un segundo 'yo'), la verdadera naturaleza del vacío, el sentido que hay que dar a los abismos de soledad y, especialmente, a sentir y gozar más cabalmente del instante luminoso -aquí hace una breve pausa-. Un penacho quizá sea como un órgano táctil de anticipación, no un radar de corto alcance, como me sugirió un alocado entomólogo -permítaseme la expresión-. Ya sé que las antenas son órganos de tacto, oído u olfato, cosa que hemos de comprobar frecuentemente.

-¡No te pongas estupendo! He perdido, desde que soy animal con alas, mi grandilocuencia; mis íntimas musas han quebrado mi condición, salvo Urania. Soy cual un juguete cómico cuyo interior se arroya en espiral. Si embargo, espero ser tan liberal como cuando era bípedo, y no tener polilla en la lengua -proferí.

-Juan, te imploro que desamorres -expresó, casi suplicante, Hans-. Nada mejor nos podía suceder. Nuestras charlas astronómicas se alejaban de lo diminuto, de la pequeñez, de la quintaesencia que guarda el discreto orden de lo minúsculo. Ahora nos hallamos en el núcleo de lo vivo, tan cerca de la zarabanda de átomos...

-Mi ilustre amigo: ahora que somos insectos, nuestras noches y nuestros días avanzan en la conquista de las sombras y del desierto. Quisiera, ahora que no soy bípedo (aunque piense como tal), saber decir palabras sencillas pero con ideas profundas. Sin embargo, pienso que solamente soy un fatuo que mete borra -manifesté.

-Por cierto, faltóme decirte, cuando discurríamos acerca del 'gerris lacustris' (insectos zapateros, zancudos de agua, y patinadores de agua), que son carnívoros. Todo animalillo que cae en el agua es inmediatamente devorado por un zancudo del agua. Su alimento más exquisito es el mosquito -concluyó Hans.

Poco después, no sé que instinto animal me llevó a ello, me agarré a una de las secas ramas y de ese modo conciliaba el sueño e iba perdiendo pensamiento y labia... Bueno, mejor lo expreso con sencillas palabras: "Estoy husmeando. Conque descansa o duerme. Esos que andan deprisa sobre las aguas. ¡Qué valiente eres! Sigamos adelante. He bebido tanto hidromiel que hasta me corrió por el bigote, una vez empapado el gañote. Me voy, sí: ya soy ido".

Cuando recuperé mi forma bípeda, pude recordar y narrar todos los episodios de mi vida insectil, y el sueño que tuve aquella noche, que es este que sigue:

-Ante la diosa ojizarca-

Que todo bípedo mortal -con presencia e influjo en la vida social, mas sin eludir el asunto principal del ser-, estaba formado de materia y espíritu (éste algunas veces racional, las más de ellas irracional), lo sabían hasta los exterminadores de ratas y ratones, acaso por poseer poderes mágicos, sibilina presencia, potencias que se hacían evidentes en la oscuridad, en las malévolas tinieblas. ¡Y no digamos de los gatos negros, que se ocultan en fronteras inexpugnables, y que hunden sus raíces en el aspecto más oscuro de la existencia animal!

Bien. Como decía, después del suceso que a continuación relato, fui espíritu puro, indagador, un espíritu que viajó en el Tiempo, que supo ver la gradación de luz y oscuridad de todas las épocas subsiguientes, y que, como golondrina, más parece un símbolo que ya es canto y heraldo de los tiempos sin fin. Creedme, estuve allí, en el camino en que la hija del dios de la luz, del cielo sereno y del rayo, dispensador de bienes y males, apareció, tomando la figura de un varón armado de lanza, después de descender de la cumbre del Olimpo, oculta en una nube. El motivo de aquella divinal presencia lo supe después, cuando el canto del insigne aedo se difundió por el mundo conocido. En resumen: pensad que soy cual ardilla que sube y baja por el tronco del árbol del mundo, que transita apaciblemente por el espacio-tiempo definido por sabios astrofísicos que viven en la más contemporánea actualidad. Estaré también en el siglo XX y XXI -establecidos según norma de la humanidad-, narrando peripecias o lances dignos de mención.

Cuando deambulaba por un espacio inconcebible, (críticos vespertinos anotaron meses después, en sus escritos, que se trataba de un camino próximo a un pueblo), distrayendo mi mente de los influjos mundanales, de súbito me topé con Momo (el dios de la risa y de la burla, hijo del Sueño y de la Noche, el que fue expulsado posteriormente del Olimpo por la causticidad de sus sarcasmos), quién me reveló, tras la inesperada pero apacible entrevista, que Atenea, la diosa ojizarca, aparecería al día siguiente, a media mañana, en este camino, transfigurada en varón, y que se encaminaría al pueblo cercano. Tras semejante revelación, le juré por los sacros dioses que en las próximas fiestas carnavalescas me disfrazaría, procurando imitar sus gestos y vestimenta. Fue entonces cuando vi en su rostro la explosión de una alegría y satisfacción descomedida. Concluyó nuestra cordial entrevista y nos despedimos.

Al día siguiente, antes de la media mañana, ya estaba yo plantado a un lado del camino, cerca de la entrada al pueblo, avistando cualquier figura que pudiera aparecer en la lejanía.

De una nube blanquecina que se formó más allá, surgió una figura varonil, calzada con hermosas sandalias inmortales y portando una lanza de bronce, que se encaminaba al pueblo. Cuando estaba cerca de mí, me aproximé sin vacilación a ella, y le dije:

-¡Oh, mi diosa del pensamiento, de la sabiduría, de la guerra inteligente, de la paz y de todas las artes, hija del supremo dios!

-¿Acaso eres vidente, o un iluminado? -inquirió.

-Yo, aunque no soy divinal, me esfuerzo por ser grandílocuente, y me atraen sobremanera los misterios. No ceso de vislumbrar lo que hay en el irisado límite entre la vida y la muerte. Otras veces, me pierdo buscando la diferencia que existe, sin duda, entre el intenso, profundo instante y la eternidad -repuse.

-Bien. Estoy en secreta misión. Dime qué deseas de mí -expresó.

-Que me aclarases una cosa, a saber: ¿en qué espacio-tiempo, recóndita región, o dimensión impalpable te hallas, cuando desapareces de un punto visible y terrenal y aún no has aparecido en otro? -interrogué.

Ella, la diosa hija de Zeus, la que provocó la orden dada a Calipso (ninfa de belleza sin par), de dejar libre a Ulises, no me contestó; se limitó a desaparecer y quién sabe cuál será la secreta misión que ha de llevar a cabo en este pueblo, tomando la figura de un varón armado.

-->Fin del sueño<--

2.

Sentir el instante luminoso

Me desperté, cuando penetró por la baja ventana una haz de luz rosada. Me levanté y contemplé tras ella un cielo sin nubes, esplendoroso, un cielo digno de espíritus puros, sin mácula. Creí vivir dentro de un sueño. Luego observé cómo dormía Hans abrazado a la seca rama. Su penacho, que se me antojaba irisado, parecía una conjunción con otros ámbitos del orbe, un elemento que mantenía la biodiversidad en un extenso enlace, sin prohibición. En esta inesperada etapa insectil de nuestras vidas -etapa obviamente de insectos maduros, que si otros optan por no alimentarse, nosotros sí-, había que mantener el sano temblor de la sustancia viviente, y remover músculos (que no labios), para no guardar silencio. Éramos, cómo no, casuales personajes en la novedosa narración de un cuento, agentes de otro ámbito involucrados no con el interés económico, con los miembros selectos de un carnaval conducido por el caballero don Dinero, sino con la recreación de la vida. Este, representaba para mí, un instante luminoso, ese en el que advertía la grandeza de lo minúsculo, que presenciaba el carácter de la tan llamada naturaleza inferior, ese en que trataba de precisar el alcance de la visión meramente zoológica. Si uno vive en el orbe, es absolutamente necesario conocer todo lo existente, todo lo que se manifiesta a su modo, sean cristales (paralepípedos gigantes), arcos iris, tarántulas...). El anterior panorama: el teatro o película de mi anterior visión bípeda ha cambiado, se ha ensanchado. Ahora debo esmerarme en indagar el sentido insectil de las estaciones del año, el hondo significado de las mudas, de las metamorfosis, del vínculo agua-tierra, larva-planta-ser adulto, y valorar esa pasmosa quietud, el significado de la fantasmal presencia, de esa capacidad de ocultarse y presentarse como una aparición, que tiene el insecto palo, todo ello desde el punto de vista del insecto que soy ahora.

En este preciso instante de mis pensamientos, Hans despertó.

-Ahora no puedes decir que se te han pegado las sábanas. Es un día azul con un cielo sin nubes -espeté.

-¿Qué es esa luz que veo? ¿Una rosada, encendida y vibrátil luz, como alargados dedos de fervorosa fantasía? -preguntó Hans.

-Amigo Hans: nuestras noches y nuestros días, bajo esta forma insectil, no estarán regidas por la execrable amarillez, por la negrura, ni por un invisible signo fatal. Lo juro por mi concienzudo penacho -manifesté.

-Eso que acabas de decir me gusta -expresó Hans, pisando el suelo. Y añadió-. Por cierto, he estado soñando con una pareja que componíais la urania y tú. Pensé, finalmente, que el amor aislado de un individuo está por encima de la procreación.

-La belleza, el amor inspirador, la fascinación que origina la contemplación de una beldad está por encima del sexo. Somos especies diferentes que acaso no puedan ni tan siquiera copular, lo sé. Pero su presencia sensual, ese movimiento voluptuoso que genera al caminar... -repuse.

-Lo sé -expresó Hans-. Tu amor platónico será recompensado, si narras lo esencial de esta historia, cuando recuperemos nuestra forma bípeda. Entretanto, admira, fascínate, huele la exquisitez de alas y formas, experimenta una rica experiencia que te catapulte a lo más elevado, en una elevación cósmica inefable y, cuando vuelvas a ser bípedo, descríbelo con bellas, poéticas palabras. Se conmoverán nuestros cielos, el se humano se quedará pasmado cuando advierta el trasunto del dinamismo universal.

-Un espíritu, versado en la diestro y lo siniestro, es capaz de aprehender la sustancia fundamental y de concebir el alcance de los demonios del mundo. Aunque no tengamos un servicio de mesa refinado, por mor de nuestra condición, hemos de bajar al comedor para desayunarnos. Es, seguramente, la hora que convinimos con Ada, para desayunar -observé.

-Pues... ¡bajemos! -repuso Hans.

Cuando bajábamos la rampa, dijo Hans:

-Delante de nosotros va una mariposa búho y, delante de esta, una urania 'leilus', nocturna, tornasolada, que pese al errado adjetivo, vuela de día. ¿Cuál crees que es más bella de las dos?

-La mariposa búho causa espanto -repuse.

-No; digo que compares tu urania crepuscular con la 'leilus' -aclaró Hans.

-A simple vista -aunque tenga ojos compuestos-, mi urania crepuscular es más sensual y su rostro es, cómo decirlo, más bello y seductor -contesté.

-Amigo mío: quizá también yo me enamore, mas lo haré de una esfinge colibrí, esa que liba el néctar de las flores, manteniéndose suspendida y batiendo con rapidez sus alas -reveló Hans.

Ya en el comedor, observamos que estaba casi repleto de insectiles comensales. Una estera redonda de sauce, marcaba los números de habitación 222 y 720. No tardó en llegar Ada y situarse junto a nosotros. En el centro de la estera había tres bandejas de mimbre, una con aguamiel, otra con fragmentos de moras, grosellas espinosas y guindas silvestres y, una tercera, con trozos de pétalos de flores variadas.

Hans, cuando comenzábamos a tomar el alimento, me dío un golpecito con el ala. Luego hizo un gesto con la cabeza y advertí que me estaba señalando a la bellísima urania crepuscular. Sin duda, Ada captó tal gesto, porque inmediatamente dijo:

-Ya me he informado acerca de la urania crepuscular que me dijiste, Hans. Su nombre es Virna. No sé si son falsas lenguas las que dicen que es una amante de la Poesía, con mayúscula, que defiende las audacias, y que siempre propone brindis por el alma insectil capaz de superarse.

-¡Recórcholis! Esto es más de lo que esperaba. -exclamó Hans.

-Sin duda es un ser digno de admiración, un espíritu profundo que reposa y se sienta en el silencio ilustrador, como si se sentara en un trono que equilibrase el ajetreado mundo. Al nivel de los insectos, ya presiento un cielo empíreo -expresé.

-No será para tanto. Piensa que las mariposas, incluso la emperador (la 'saturnia pyri') es asaz voraz -observó Hans.

-Y son seres zigzagueantes, volubles y, pese a lo que he hecho mención, que son voces de otros, son espíritus leves -aclaró Ada.

Cuando acabamos de desayunar, y viendo Ada que ya se alzaba Virna de su estera, me dijo:

-Ven conmigo; te la presentaré.

Una vez ante Virna.

-No quisiéramos importunarte, pero tus admiradores, insectos amantes de tu elevación poética, nos han dado tu nombre, Virna. Quisiéramos presentarnos: yo soy Ada, y esta varonil polilla, un escudriñador tanto de lo ínfimo como de lo máximo, se llama Juan -dijo Ada, presentándonos.

-Del anonimato voy saliendo a la luz. Os agradezco vuestra acogida. Quisiera departir más con vosotros, pero Eugenia, mi amiga saturnia y yo, hemos de reunirnos en una floresta, en la que se halla el estanque de Lotos, con la comunidad de variados coleópteros. Si queréis, podéis venir con nosotras -expresó Virna.

-Por mi parte -dije de inmediato- no tengo ningún inconveniente.

-Bueno. Entonces avisaré a Hans y partiremos con vosotras, los tres -observó Ada.

Fuera del hotel, nos dijo un centinela:

-Fuera del hotel y sus aledaños no tendrán seguridad, estarán al albur.

-Sí, lo sabemos. Pero ahí fuera, en contacto con ese sol espléndido, bajo ese cielo azulino, una siente impulsos y se respira mejor. Deseamos no el peligro, sino estar en comunión con el cielo abierto -repuso Virna.

Alzamos el vuelo, y yo la seguí, observando el diseño y colorido de sus preciosas alas. Parecía, algunos momentos, vestida de arco iris, tan atractiva y emprendedora que me dejó cautivado.

Aquella que sobrevolamos, era una zona con una diversa formación de suelos, donde abundaban variedad de árboles, arbustos y hierbas. Desde la altura oteé arces, acacias, serbales silvestres, robles, encinas, álamos blancos, morales, zarzamoras, potentillas rojas, dalias, variedad de lirios, jacarandas, geranios, gardenias, amapolas, jacintos de agua, minutisas, cobeas... Verdaderamente, se trataba de plantas en época de floración y otros en florecimiento. Y allí descendimos, a la vera del estanque de Lotos, cercado por una arboleda. Me posé, a la vera de Virna, en una flor de lirio, en la que libaba un imago[4] de mariposa tóxica. Conversando horas después con Hans, juzgó que se trataba de un 'chrysodeixis chalcites', cuyas larvas atacan a varias especies de cultivos de hortalizas. Al borde del estanque de Lotos, bajo la sombra de una robusta espadaña, había un grupo de mariposas y polillas.

-Antes de nada -nos avisó un lepidóptero, cuyas alas delanteras eran grises, pero con tres marcas angulares negras muy llamativas: un 'eugnorisma glareosa'-. Por aquí hay lagartijas, mariquitas, mantis religiosas, libélulas y ruiseñores. Son todos ellos animales devoradores. Tened cuidado y no caigáis al agua. Esos 'gerris lacustris' son muy voraces, y se atreven con todo lo que en ese medio se agite o mueva.

Otras polillas de variadas especies se acercaron, aquello semejaba un enjambre. Vi pasar silenciosa, una tijereta con sus dos pinzas amenazadoras (sé que se alimenta de pececillos de plata y desperdicios). Fue entonces cuando oí en un débil sonido, como un silbido insectil lastimero. Quise saber de qué se trataba y fui detrás de la tijereta, guardando la distancia. Más allá, había una viuda negra cubriendo con su pegajosa tela una una tijereta que agonizaba, a la que le habían arrancado de cuajo las pinzas. La tijereta, que fue en su ayuda, reculó. Pensé que el animal que le había arrancado las pinzas sería, seguramente, un ratón, que acto seguido la dejó allí, mortalmente herida.

---

[4]   Período adulto o final de las metamorfosis de un insecto.

Regresé donde estaba el enjambre, pero sólo quedaban Hans, Ada, Eugenia, Virna, dos polillas, tres mariposas más y yo; el resto se había dispersado. Es decir el número de miembros que lo conformaban se había reducido. Virna me hizo un gesto con la cabeza, significando que la siguiera. Volé detrás de ella hasta una zarzamora, en la que nos posamos.

-¿La ves alimentarse? -preguntó.

-¡Ah, sí! Es un insecto hoja, un 'phillium philippinicum' -repuse.

-Bien. Ahora sígueme. Al final del vuelo, me posé junto a ella en una amplia hoja verde.

-¿La ves? -interrogó nuevamente.

-Sí, es una ancha hoja verde -contesté.

-Me refiero al insecto hoja, de color verde brillante, posado sobre la verde hoja -aclaró.

-¡Vaya! Ahora lo distingo: es un camuflaje perfecto. Por cierto, aunque el insecto palo y el insecto hoja son de la familia de los fásmidos, no se les puede alojar juntos, porque si escasea la comida aquel devora a este -observé.

-Si lo dices por si pudiera suceder en el hotel, allí nunca falta la comida -expresó.

-El mundo de los insectos, apreciada Virna, es impredecible; es el más complejo del reino animal. La cucaracha es sin duda uno de los insectos más viejos registrados en la taxonomía animal -apunté.

-Sí, dices verdad -hizo una breve pausa y añadió-. Volvamos con nuestro grupo.

Al rato, volábamos juguetones, entre flores aromáticas de distintas plantas, los diez que formábamos el grupo. De súbito, Ada gritó al quedarse atrapada en una telaraña. Nada podíamos hacer cuando la araña descendía por la tela a picarla y envolverla con su pegajoso tejido. Nuestros rostros enmudecieron. Toda la jovialidad de la mañana se había esfumado en un instante. Y eso no fue todo. Una libélula que sobrevolaba el estanque de Lotos posándose, de tarde en tarde, en cualquier flor de loto, o de un vegetal fuera del agua, le arrancó un ala a Eugenia, la cual se precipitó al suelo. La libélula voló hacia ella y la devoró allí mismo, cual si fuese el más exquisito manjar.

De los ocho que ahora integrábamos el grupo, ahora quedábamos, Hans, Virna, otra polilla (ya en el hotel supe que se llamaba Jara) y yo, decidimos de inmediato regresar presurosos al hotel. Las otros cuatro (una polilla y tres mariposas) se habían orientado hacia otro destino, acaso menos fatal.

Durante el vuelo, inquirí de Virna y Jara si les parecía bien que moráramos en la misma habitación del hotel. En tal caso, lo arreglaría con el gerente. Una vez en Recepción e Información:

-Quisiera hablar con Ciro, el gerente -dije al empleado de Información.

Este se dirigió a otro que se encargaba del orden en el establecimiento de hostelería. A los pocos minutos regresó, diciendo que le acompañáramos al despacho del gerente. Le relaté dolorosamente lo acontecido y, después de transmitirnos su condolencia, nos manifestó lo siguiente:

-No tengo ningún inconveniente en alojarlos en otra habitación donde quepan. No obstante, como al cliente se le asigna una planta dependiendo de su tamaño y corpulencia, y la que forman ustedes es diversa, Ada y Jara deberán llevar una cinta azul con la insignia del hotel. De este modo, no serán increpadas por los guardias de seguridad y podrán morar todos juntos en la habitación.

-¿En qué habitación se alojaba usted y su compañera, que en paz descanse? -preguntó el gerente a Virna.

-En la habitación 532 -repuso Virna, compungida.

Poco después, ante el recepcionista:

-Las habitaciones números: 222, 532 y 720 quedan vacías, desde ahora. ¿Qué habitación, para estos cuatro clientes, sigue desocupada? -consultó Ciro al cordial recepcionista.

-Tenemos vacía la 235, capaz de albergar a estos cuatro clientes -repuso el sociable recepcionista.

-Bien. Dispóngalo todo -concluyó el gerente.

-Le quedamos muy agradecidos -manifesté.

-Sólo les ruego que guarden la compostura -agregó, con expresión lastimera, Ciro.

-Y el honor, se lo prometemos -aseveré, en nombre de todos.

Nuestros compungidos rostros se vieron aliviados, por momentos.

Minutos después, era la hora del almuerzo y fuimos al comedor. Una estera numerada con el 235 nos aguardaba y, sobre ella, cuatro platos formados con hojas de sauce, que contenían variados alimentos y aguamiel.

Apenas se intercambió palabra en la comida y luego subimos tristes a la nueva habitación.

-Tumbaos donde queráis -expresé y añadí-. La nefanda mañana será recordada durante nuestras vidas.

-Ada y Eugenia merecían morir de muerte natural -soltó Virna.

-Este mundo se insectos me corroe por dentro -añadió Jara.

A continuación, en la habitación se hizo un profundo y duradero silencio.

A mi mente regresaron sentimientos y pesares de otros tiempos, en los que era estudiante, empleado o peculiar paseante, siempre siguiendo rastros invisibles por la alameda. Allá donde veía una oquedad en el árbol, pensaba en Ariel, el genio, recluido en la hendidura de un pino por la perversa bruja Sycorax. Las heridas sangrantes, el dolor de los que mueren en cruentas luchas lo escuchaba en esta sórdida habitación, en la que uno de los moradores era un insecto de nombre Juan. No me sentía como pájaro en la jaula, pero este mundo insectil, esta descomunal depravación era superior a lo que podía digerir.

3.

La etérea flor de la vida

Tumbados sobre la redonda estera, nos abismamos sin pronunciar palabra.

Fue entonces cuando vino a mi mente el siguiente predicado: 'La etérea flor

de la vida'. Ada -como Hans y yo-, era un bípedo de nacimiento que se había

transformado, por arte de magia, en mosca de la fruta. ¿A qué más allá la

impulsó semejante tránsito: al de los bípedos o al de los insectos? Porque

Hans y yo, pese a presentar un cuerpo insectil, poseíamos un alma de bípedo,

con todas las facultades que le son propias. Además, siendo polillas adultas,

no estábamos expuestos a mudas ni metamorfosis, y nos conformamos con

escasa alimentación.

Pero nuestra imaginación... ¡ay! Nuestra imaginación necesitaba

explayarse, apropiarse de todo y difundirse por toda la escala de lo vivo,

desde nuestra eventual posición en el reino de los insectos. La reina de las

facultades, como dijo aquel excelso poeta[5], es la Imaginación, que yo, bajo

mi personal consideración, pongo con mayúscula.

Cada especie animal tiene un particular modo de vida, pero la nuestra (la de

Ada, mientras estuvo junto a nosotros, la de Hans y la mía, pues los tres

éramos bípedos antes de la transformación) sufrió una metamorfosis no

---

[5]   Charles Baudelaire.

deseada, un avatar que introdujo de sopetón en nuestras mentes miedos y pasmosas perspectivas. Lo que nos sucedió no fue una situación extrema que cambia inevitablemente los hábitos, no. Nosotros sufrimos una transmutación, y fuimos de repente insectos, con la visión de insectos, inmersos en el mundo de los insectos -ignoro si fértiles o incapaces de tener descendencia insectil-, pero con los principios de los animales y de las plantas que se remontan hasta el origen mismo de la vida.

Recuerdo, cuando era estudiante de biología, que los artrópodos ocupan prácticamente todos los hábitats imaginables. Hubo un momento en la historia del planeta azul en que las plantas (las algas) invaden la tierra, y en ella evolucionan dando lugar a una enorme diversidad. Esa invasión de las plantas precede a la de los animales que vinieron después a habitarla, cambiando el medio acuático por la tierra firme. Bueno: ello mientras la tierra firme fue habitable, pues, en caso contrario, no tardaron en regresar al medio acuático. Es ley de evolución defenderse instintivamente y defender la vida de la especie. Sin embargo, nada de lo viviente escapa finalmente a la amarillez: del árbol caído (quebrado por el rayo), se marchitan sus hojas y caen de las ramas; luego se descompone el tronco. La roca, transcurridos muchísimos años, va rompiéndose y haciéndose polvo. Y el ser viviente, tras la muerte, en polvo se convierte, en un polvo que no es distinguible del polvo de la roca o del árbol. Un polvo, el de las criaturas sensibles a los cambios en su medio -dirán los románticos-, que pudo ser resultado de un ser enamorado. Pero Ada, ¿a qué paraíso irá definitivamente, al de los insectos, o al de los bípedos? Somos polvo de estrellas, un polvo que jamás se vestirá de luto, pues del polvo todo nace y, finalmente, al polvo todo regresa.

Todavía mantengo firme la pregunta de cuando era estudiante y mi pensamiento lidiaba con las moléculas. Esta es: ¿si no es posible la generación espontánea de vida, cómo tuvo lugar ésta en la Tierra, tras el Big Bang, provenga de aerolitos o de cualquier material extraterrestre; porque la pregunta es pertinente para cada lugar del Universo? Sí, materia y energía y, para los seres vivos, potencia e impulsos anímicos. Aquí, ahora, hemos de ser astutos, aguzando nuestros órganos sensoriales que responden a ondas sonoras, ser, cómo no, un Ulises, como lo es el calamar que se ve perseguido por un devorador y suelta la mancha de tinta, capaz no sólo de oscurecer la visión del perseguidor, sino que paraliza su sentido del olfato al menos por dos minutos, tiempo en que el calamar se escabulle.

Parece que me he acomodado a mi dermatoesqueleto, aunque dificulte mis movimientos. Acaso sólo sea lento el movimiento de mis alas, apenas veo ritmo en ello. Pero no son carga pesada y me permiten, con cierto esfuerzo, ir volando dondequiera, pasar de un hábitat a otro, otear tanto la faz abatida como la animada de los seres que me rodean. Mas hay que estar ojo avizor y no bajar la guardia. Cuando recupere mi forma bípeda (espero que no sea demasiado tarde y no me falle la memoria), escribiré los pensamientos que corretearon por mi mente insectil, para que queden registrados, y los publicaré en un libro de bolsillo. En el carro de la Historia total, la visión de los insectos (que anteceden al paso del hombre por la tierra), ha de ser significativa y nos ha de aclarar muchas cosas concernientes a los medios acuático y terrestre, al hondo sentido del discurrir larvario, y también a una concepción del universo, desde la situación de los artrópodos, desde su lucha por la vida, desde una distancia que enriquece el drama teatral de la existencia de lo viviente. Eliminar las barreras entre los seres vivos es tarea compleja, pero necesaria: unos se aprovechan de otros, todos sirven a una causa común: el mantener la vida de la especie sobre la tierra.

Pienso en la evolución, en las mutaciones, en los polihíbridos[6], en la ingeniería genética... Ahora oigo el sonido de las gotas de lluvia al golpear contra lo vivo y lo muerto. ¿Lo vivo y lo muerto? Ambos no son más que una dualidad de polvo cósmico sumida en un ciclo. El agua de la lluvia, sí; el ciclo del agua, el ciclo de la vida, el ciclo del Universo. Todo responde a una unidad, a una inagotable energía que se desparrama configurando formas, alentando maneras, actitudes, disfraces naturales (camuflaje), sorprendiendo la música del son cósmico y eviterno.

---

[6] Un polihíbrido es un híbrido o bastardo cuyos progenitores difieren entre sí en más de dos caracteres o genes.

Sí, ahora soy una polilla de la ropa, una especie de mariposa nocturna que también es visible de día. Un insecto de pequeño tamaño, que, en estado de larva, destruye tejidos.

Observo a mi gentil compañero, y a las hermosas Virna y Jara. Quisiera poder besar a Virna, como un hombre besa a una mujer en otro ámbito de la vida. Le diría: "Mi vaso está medio lleno de amor, necesito del tuyo para colmarlo".

En este instante, Virna se vuelve y me mira fijamente.

-¿Estás pensando? -pregunta.

-Estaba; mas hace minutos que sólo te miro, me embebo de tu presencia -hago una pausa y prosigo-. ¿Querrías recitarme unos versos?

-Estoy triste y acongojada -contesta.

-Pues que sean versos tristes, elegías de una mariposa crepuscular que se alza victoriosa frente a las vicisitudes de la vida -apunto.

-No son perlas en la orilla de la vida, sino jirones de hilos pegajosos, destellos azarosos y estrambóticos, una rara luz que porfía con la herida. Ya no puede mi numen componer una música celestial, ni las figuras y formas separarse de la comicidad de la espina que separa. Vibro entre cadáveres, entre el polvo que anhela aislarse de la negrura, dentro de una oquedad que es boca de un pozo, o un foso de tinieblas -entonó Virna, con vivacidad.

Al escuchar su recital, me quedé perplejo. La hondura de aquellas versos sibilinos todavía agita mi interior. Jara se removió en su sitio, y Hans pareció desprenderse de un caparazón de angustias.

-¡Córcholis! Tenemos a nuestra vera una excelente poetisa. La había captado de otra manera, pero la imaginación tiene alas idóneas para cada momento -expresó Hans.

-Pienso que lo escuchado sólo ha sido una exhibición crepuscular; será necesario que me ate al poste del navío cuando se manifieste de día -observé.

-Dado el infeliz momento, tales versos descomponen nuestra galopante tristeza en momentánea, pero infinita alegría -expresó Jara.

Estos versos, tremendamente circunstanciales, serán quizá, en el futuro, la apoteosis de un librito barato de bolsillo. Manteniendo la distancia entre mi actual vida insectil y la inminente recuperación de mi ser bípedo, procuraré que no caigan en el olvido, que cada vocablo se ajuste a la veracidad del instante, a la vibración de las etéreas palabras, revestidas de una luz que se riza, que se inflama, que infatigable se alza por encima de nuestro cuchitril. Hemos dado un paso al ser social del insecto, un paso hacia nuestra resolución.

Aún oigo, afuera, el golpeteo de las gotas de lluvia. El discurso de la vida es incesante, como las palabras que pintan cualquier realidad, sea esta de la naturaleza que fuere. Lo sublime pose una fuerza soberana.

He de reconocer que nada del entorno escapa a mi ávida mirada. El mundo de los insectos es tan cautivador como lo pueda ser el de los mortales.

4.

Envuelto en azulada neblina

Pasamos la noche abrazados a las secas ramas de la habitación, soñando paisajes o escenas vividas, o dejando nuestras mentes a la deriva. Yo me veía, en mis ensoñaciones, péndola en mano, registrando en un papel blanco la memoria de mis andanzas, mientras fui insecto. Trataba de separar aquellos pensamientos propios de insecto, de los meramente humanos, sin lograrlo. La red cósmica es ancha, anchos sus derroteros, anchas las orillas que unen la multiplicidad.

Así como la mar se explaya en sus riberas, me explayaba yo hacia mundos que florecían desde lo minúsculo, desde la unión que reverdece, desde el orden sin confusión que avanza hacia la biodiversidad. Había dejado al margen la depredación tan habitual en el mundo en que ahora me hallaba, y tenía representado en mi imaginación -ignoro por qué-, el globo de cristal de una bombilla de casquillo de rosca y, la posterior, tubular, de baja consumo.

En el mundo de los insectos todo cobraba especial significación. Las antiguas visiones, grabadas en la memoria, incluso de carruajes y de animales de tiro, correteaban por la mente insectil desde una proyección que ahora no existía.

-¡Buenos días! -exclamó Hans, agitando su rojizo penacho. Y se puso en el suelo.

-Es hora del desayuno -observé.

-Nada mejor que bajar al comedor sin ser mordida por un alacrán -soltó Jara

-Y resguardados de la inclemencia del tiempo -añadió Virna.

Salimos de la habitación dispuestos a bajar la rampas con cierta jovialidad.

Una vez bajé la última rampa que comunicaba con el vestíbulo -yo iba delante de mis tres compañeros de habitación-, observé una concurrencia de clientes ante Recepción, que parecían leer algo. Me acerqué y leí, más que con asombro, con pasmo el siguiente letrero que colgaba de su frontal:

ADVERTENCIA

Apreciados clientes:

Nuestro excelente equipo de rastreadores de la zona ha avistado polillas vampiro que, al parecer, han dejado de chuparle la sangre a los vertebrados y se han aficionado a la hemolinfa de los insectos herbívoros. En el río Rumoroso se han hallado siluros (especie de bagres

devoradores de gaviotas), cuyas enormes bocas y largos bigotes se relamen de gusto, ahora, devorando insectos herbívoros que se aproximan a las aguas. Los sapos cornudos o 'ranas pacman' (esos escuerzos cornudos que abandonaron ha tiempo esta región y que fueron devoradores de insectos, ranas, lagartijas, otros anfibios, arañas, pequeñas aves, ratas y ratones) han regresado al lago Lake y al río Rumoroso, donde se les ha avistado, y se nutren con deleite solamente de insectos herbívoros. Y, finalmente, las grandes mantis devoradoras de pequeñas lagartijas, ranas, serpientes, pequeños roedores y colibríes que ha tiempo no se las veía por esta zona, han regresado al arroyo Sonar, al lago Lake y vuelan hacia el estanque de Lotos. Se ruega extremo cuidado cuando abandonen el Hotel.

-El Gerente-

-¡Esto es el fin! -gritó una femenil mosca escorpión.

-Tranquilízate. Esto no puede ser -expresó su acompañante.

-¡Inaudito! ¡Y encima hemos de forjar el carácter en las circunstancias más duras! -exclamó un femenil insecto herbívoro de dudosa clasificación.

-¡Estos son tiempos de barbarie, sin ninguna emoción edificadora! -apoyó su compañero, de la misma especie.

--¡Se me quiebra la condición! -chilló una femenil esfinge de la calavera.

-¡De qué manera le meten a uno el diablo en el cuerpo! -secundó su compañero.

Un pulgón ceniciento del manzano, que acababa de leer el letrero, soltó:

-¡Atiza! ¡Los demonios andan sueltos! Una oscura nebulosa envuelve al mundo insectil.

Hans, Virna y Hara leían el letrero pasmados.

-¿Pretenden, acaso, que alarguemos nuestra estancia en el hotel, para así tener que pagar con más especias, sépalos, pétalos, néctar y frutos? -inquirió un anciano escarabajo rinoceronte.

-De ser así -le replicó su compañera-, este hotel perdería toda credibilidad y su reputación.

Un insecto hoja, acompañado de su femenil compañera, acababa de llegar y después de leer el letrero, soltó:

-La melodía de esta serenata me suena.

-¡Pero Borel, no ves que hemos de precavernos contra cualquier contingencia. El desastre es inminente. Esto es como un trueno que ha conmovido nuestros cielos -expresó su compañera.

Y una femenil mariposa de la seda, acompañada de su varonil media naranja, que escuchaba absorta, soltó finalmente:

-¿Qué será de nuestra descendencia? ¿Qué brutal y omnímodo poder se apoderará no sólo de nuestros cuerpos, sino también de nuestras almas?

-Amada mía: a tu belleza soberana daré mi postrer beso. Si vamos camino de la ruina, deseo ver tu imagen en todo momento, sintiéndola como papel aislante de la nefasta realidad que nos envolverá -soltó su compañero.

-¡Ja, ja, ja! -se oyó, detrás, una potente carcajada. Y tras la carcajada-. Caéis en la desesperación. Este hotel es realmente una fortaleza y nos defenderemos con mandíbulas, aguijones, patas, cuernos y todo lo que sea necesario -expuso una cucaracha voladora.

Nosotros, terminado este breve discurso, nos dirigimos al comedor. En la redonda estera se hallaban los platos del desayuno. Yo, pese al letrero, desayuné con deleite. Un presunto giro de las tinieblas hacia la más horrenda negrura no debía acongojarme. Pero, me preguntaba: "¿Escaparemos, Hans y yo, de este infierno provisional, de este mundo insectil tan atroz y espeluznante como el humano?". Dudaba de que los vigilantes armados pudieran rechazar o, al menos, contener a los diabólicos depredadores que se avecinaban.

-Nos acecha un mal, acaso cósmico. Nos despanzurrarán y devorarán. Este hotel -lo digo para quien piense lo contrario-, no es una alcazaba -expresó Virna.

Yo soy, ahora, un ser que florece, que brota como una flor, puesto que como insecto, estoy más cerca de ellas, y amo la florescencia, la gran voluntad del mundo que se empuja en la existencia. Tiempos bestiales llegarán, pero los insectos, especialmente los herbívoros, sabrán aplicarse al nuevo estado de cosas, podrán defenderse y alterar una situación desesperada, para su bien. La sombría perspectiva cederá al florecimiento general. Aquellos que habitan un abismo de tinieblas se convertirán en seres cavernarios y, a la hora del crepúsculo, sentirán la amarillez dentro de sí. Y este será mi epitafio:

Vosotros, seres de bárbara condición,

que sois amantes del despeñadero

y amenaza del viejo mundo:

¿qué alma de demonio

dispone vuestras energías,

qué épica glacial cunde

por lo más hondo de vuestras entrañas?

La explosión de un día fatídico

no os hará grandes,

ni dignos de permanecer

en la memoria de los pueblos.

No sois más que el declinar

de un momento angustioso.

La nervadura de mis alas reclamó mi atención. Estaba un poco excitado, y exclamando con voz queda: ¡fuera de aquí! Si era verdad lo contenido en el letrero, seguro que ya se estaban conmoviendo los cielos y nuestras almas.

En este instante, al mirar a Hans, vi que su rostro dibujó una sonrisa benigna.

-Caro Juan: no comeré ni beberé opíparamente, tampoco mi edad insectil lo concibe, pero el librar una lucha de gran magnitud, el atender ciegamente a la crónica de los hechos, el que me tejan un sudario antes de tiempo, el recular ante melindres femeniles, cuando acaso el horizonte rojee al caer la tarde, el ceder ante el desastre inminente, el huir de la contienda mundanal... Ahora me brinca el corazón y, antes que lo mencionado, prefiero guardar el equilibrio con un tazón en la cabeza. Todo está envuelto, el mundo interior y el externo, en azulada neblina.

Cuando habíamos terminado de comer se oyó gran alboroto en el vestíbulo. Poco a poco, los comensales se dirigieron hacia él a ver qué sucedía.

Doce vigilantes armados acababan de entrar en el hotel completamente exhaustos. El de más rango se dirigió al gerente que también había llegado deprisa.

-¿Qué sucede, Petros? -preguntó el gerente.

-Hemos inspeccionado los cuatro puntos cardinales de la zona y hemos avistado tres mantis gigantes, devoradoras de insectos, especialmente herbívoros que, por alguna razón, vienen volando hacia el hotel -manifesto Petros, mostrando en su articulación de palabras visible agotamiento.

-Bien. Avisad a los vigilantes de los aledaños del hotel que entren todos en el edificio. Y traed de los sótanos del hotel todas las armas disponibles, en especial las alargadas espinas de 'euphorbia' y del cactus 'estimular', pero también las espinas de rosas con ranura. A esos devoradores, que desconocen la razón del porte marcial, les daremos su merecido -clamó el gerente.

-¡Es todo un caballero! -exclamó una mosca de la fruta que, según un runrún, fue despedida brutalmente, por un hábil matamoscas, de una vivienda habitada por humanos.

-¡Es la hora del ser y del existir! -profirió un saltamontes gris, sin duda con vena filosófica, herbívoro, o de dudosa alimentación, que no toma el sol sobre una piedra, como los campestres, y no son tan frecuentes sus chirridos.

Transcurrieron unos minutos en los que todos los presentes guardaron silencio, roto por Ciro, el gerente del hotel que, como ya sabemos, es un ciervo volante.

-Bien. Ya están aquí los vigilantes de afuera. Cierren la puerta de entrada. Las hembras se retirarán a sus habitaciones, cerrando ventanas y puertas. Los varones agarrarán, a modo de picas, las largas espinas de cactus y tendrán bien cerca las espinas de rosales, muy útiles estas si se sujetan con la boca y se hincan dondequiera, y se situarán en sus respectivas plantas, defendiendo los pasillos y ventanas. ¡Cada cual a su puesto, y olvídense de los pájaros de música arpada!

Hans y yo cogimos sendas espinas alargadas de cactus y púas de rosas con ranura. Acto seguido subimos, acompañando a Virna y Jara a la habitación en que nos alojábamos. Se oía gran alboroto, una zarabanda de movimientos, resoplidos y quejidos insectiles. La batalla estaba a punto de comenzar. Cuando Virna y Jara cerraron la puerta tras de sí, nos apostamos junto a las ventanas del pasillo.

No tardó en oírse un fuerte zumbido y el sonido de una quebradura justo en la ventana del piso de abajo. Se oía cómo lidiaban con la gigantea mantis. Entonces, se me ocurrió abrir la ventana y mirar abajo.

-Está justo en la ventana de abajo y las alargadas espinas, por ahora, le impiden la entrada. Cojo una espina de rosa con ranura y la sujeto firmemente con la mandíbula. Me dejaré caer, sin ningún movimiento de las alas, posándome sobre la gigantesca mantis, entre su alargado tórax y cabeza, para asestarle las punzadas necesarios que le ocasionen la muerte. ¡Cuida de Virna y Jara, por si algo aciago me sucediera! -declaré a Hans.

-¿Quién eres tú? -preguntó la mantis, sintiéndome agarrado a su abdomen.

Yo no había acertado en la caída, pues esperaba situarme con mi boca al final de su tórax.

-Yo soy el que te dará muerte, una polilla de la ropa que antes fue bípedo y maestro de esgrima. Ahora que has girado la cabeza y miras sobre tu espalda, ¡pero qué insípida eres!, serás capaz de adivinar la fortaleza y brío del sujeto que te aprisiona. Tus robustas patas frontales, modificadas con púas fuertes para agarrar y detener a tus víctimas, de nada te servirán. Y con mis tres pares de patas y dos pares de alas me reiré, luego, de tu infame posición religiosa -manifesté con potente voz.

La gigantea mantis se alejó de la ventana, fue agitando sus alas, mientras yo trataba de acercarme aún más a su cabeza. Una vez situé mi cabeza en el lugar apropiado, le di varias punzadas en el punto en que coinciden cabeza y tórax. Voló desquiciada por entre arbustos y árboles, mientras yo seguía hincándole la púa. Era un tejido fuerte, pues me costó que decayera su ímpetu y descendiese desorientada. En su azaroso caer, asestó un duro golpe en mi lado izquierdo al darse contra un árbol. Mis alas de ese lado del tórax se desprendieron y la zona quedó dañada. Sentía asaz dolor en mi cuerpo. La púa se había caído de mi boca, tras el golpe que me di con el árbol. La recogí del suelo, la puse de nuevo en mi boca y me acerqué a la mantis, la cual parecía agonizar. Hendí su cabeza tras varios golpes dados con la púa, sin miramiento, sin acudir a más palabras. Ese fue su final.

En un bosque desconocido me hallaba, cerca de un cadáver de gigantesca mantis. No quise permanecer junto a ella, y caminé desorientado hacia un lugar donde avisté un pequeño bambudal. Calculaba, por el tiempo en que estuvo volando la mantis (y yo sobre ella), que me había alejado del hotel, al menos una milla.

5.

Una llamada del otro mundo

En ese bosque, por mí desconocido, sentí de inmediato miedo y soledad. Mis enemigos naturales podían acecharme en cualquier momento y devorarme a placer, dado mi estado. Entrar en el bambudal era cuestión que no me seducía. Así es que, con un mínimo de esperanzas, descansé un rato al abrigo de una piedra.

Una llamada, una sugerencia del otro mundo me vendría bien. Mis enemigos naturales, a saber: libélulas, arañas, las negruzcas hormigas, si me ven incapaz de volar, los pequeños roedores del bosque, aves, ranas y pequeños mamíferos, como murciélagos, pronto advertirán mi presencia. Espero, no obstante, no toparme con una serpiente de diez cabezas. De repente, algo se movió lentamente en el suelo.

-¡Vaya, un molusco gasterópodo terrestre, dejando su baba, ese rastro viscoso en el suelo! -exclamé y proseguí-. De qué modo más nítido observo las contracciones y elongaciones de su cuerpo que le permiten desplazarse.

-¡Cáspita! Te faltan las alas del lado izquierdo y tienes esa zona del tórax dañada -dijo el caracol al detenerse a mi vera.

-Son los lances de la vida -observé.

-Si pasara por encima de ese lado dañado, podrías curarte. Está comprobado que mi baba sana -expresó.

-Bien, hazlo, deja tu rastro viscoso en ese lado dañado -aprobé.

El caracol pasó por encima de ese lado, dejando su baba en mi cuerpo.

-¿Cuál es tu nombre? -inquirí.

-Mi nombre es Bar -repuso.

-Ahora me dirigía -comenzó a decir el caracol- a saludar a Grag, ese insecto aún desconocido por los entomólogos, ese ser que vive desde asaz tiempo en la cavernosidad de un álamo blanco formada a ras de suelo. Con el corcho de un alcornoque cercano, ha conformado una puerta que coloca para tapar la entrada, una vez se halla dentro. Tiene una variopinta despensa de sépalos, pétalos, semillas y pequeños frutos silvestres, como moras, guindas, fresas silvestres... Si lo deseas puedes seguirme, aunque mi desplazamiento sea excesivamente tardo.

-Mi nombre es Juan. Había alquilado una habitación del Hotel de insectos con tres amigos. Ciertas y amargas circunstancias me obligaron a salir de él.

-Ven conmigo. Pronto encontrarás a alguien que te lleve. Acaso a un colibrí, o pájaro mosca, del que soy amigo -se llama Cliv-, pueda convencerlo para que no te devore y te lleve, volando, en sus patas enlazadas, hasta dicho hotel. Hace tiempo que no lo veo, mas no tardará en aparecer.

Siendo tú, desde ahora, mi amigo y compañero, él me dará su palabra, pues va en ella su honor.

De este manera, conversando amigablemente, llegamos al álamo blanco, cuya oquedad, a ras de suelo, estaba abierta, y un insecto raro, semejante a la jirafa, de cabeza marrón oscuro, patas, tórax y abdomen rojizos, y un par de alas azules con líneas blancas y oblicuas, mudaba un manojo de sépalos y pétalos, mezclados, en sus patas frontales.

-¡Hola, Grag! -se presentó el caracol.

-¡Bienvenido seas Bar, y tu acompañante! -le devolvió el saludo el insecto jirafa. Y tras una breve pausa-. ¡Entrad! Dejaré la carga dentro. Estaremos más confortables y podremos hablar largo y tendido de la vida. ¡Caramba! Te faltan las alas del lado izquierdo del tórax. Te curaré con la esencia de una planta misteriosa. He probado su acción en mí y surte efecto.

-Apreciado Grag, yo he de proseguir mi rumbo. Soy claustrofóbico y es necesario que me remueva en la humedad, en el rocío y en los tallos verdes -expresa Bar; hace una pausa y prosigue-. En cuanto a ti, Juan, pronto recibirás la visita de Cliv, el colibrí que ha de llevarte, en sus patas enlazadas, al Hotel de insectos. No os preocupéis por él, a ninguno de los dos os hará daño.

-Ve con cuidado. Últimamente observo la aparición de perceptibles mutaciones en las hojas de algunas plantas (propias de una adaptación divergente), que las convierte en verdaderas trampas para cazar -expresó Grag, el insecto jirafa.

-Con cuidado iré. ¡Hasta pronto amigos! -se despidió Bar, tomando su rumbo hacia lo que hay más allá de uno mismo.

Grag, el insecto jirafa, tapó la entrada con la placa de corcho. Una luz extraña, proveniente de materiales luminiscentes, iluminó la oquedad, la cavernosa estancia. Entonces vi que su despensa era rica. En un rincón, había cinco recias y alargadas espinas del cactus 'euphorbia' apoyadas en la pared de madera. Y, al fondo de la oquedad, había una larga rama seca y arqueada.

-¡Acomódate! Aquí dentro no somos alimento para nadie -soltó Grag.

Buscó la tal esencia de la planta misteriosa y me la puso en mis partes heridas. Pedidas mis alas me sentía un ser menguado, sin apenas atributos.

-Has dicho que has percibido mutaciones en algunos órganos florales de las plantas. Eso no sucede cada mes, ni cada año. ¿Puedes explicármelo? -pregunté, cuando hubo terminado de curarme.

-¡Oh, sí, es muy fácil! Yo soy un insecto de una estirpe longeva. He visto salir el sol y luego ponerse, al menos, ciento diez mil veces. He recorrido todo el bosque y escrutado sus rincones. Comoquiera que la vida representa una nueva propiedad de la materia, todo sigue una norma en la ordenación vital. Y así como hay animales que semejan plantas, por ejemplo, el insecto palo, el insecto hoja y muchos otros, también hay aparatos florales de plantas que semejan animales, pero no cualquier animal, sino animales carnívoros - razonó el insecto jirafa.

-¡Cáspita! Me gusta lo que dices. Sin embargo, ciento diez mil veces son más de trescientos años de vida -observé.

-Cierto. Yo soy un representante de una estirpe singular. Te lo diré como un confesión excepcional: soy un insecto mixto, mitad autótrofo (como las plantas) y mitad heterótrofo, como los animales. Sin embargo, ha tiempo dejé de usar esta segunda opción. Ahora soy sencillamente herbívoro. Espero que guardes esta confesión a buen recaudo -reveló Grag.

En este punto de la conversación, casi me desmayo. Recibí el extraño impulso de una energía espiritual que dimanara de una visión divina. En los abismos de mi soledad interior, ya atravesaba negruras.

-El ambiente de este bosque ha sufrido, a lo largo de estos años, tantas modificaciones que el cuerpo de uno se altera, sufre variaciones modificativas. Entre las plantas silvestres y las cultivadas -estas medrando más allá- se ha originado tal vínculo que...

-¡No me digas! -exclamé mostrando un rostro de perplejidad.

-Sí, ellas se vinculan. Sus órganos sensoriales, ocultos a los ojos de los animales, captan las nuevas líneas de actuación, de desarrollo modificativo. Las plantas, permíteme decirlo así, son los verdaderos seres superiores, en su perpetua inmovilidad son capaces, gracias a sus múltiples sentidos, de alzarse por encima de los animales superiores, es decir, de los hombres, y alcanzar el fundamento de la dinámica cósmica. Son verdaderos seres espirituales, aunque algunos de ellos sean carnívoros. No en vano, el bien y el mal no son ajenos al mundo vegetal -argumentó Grag, sabiamente.

-¡Vaya! Serías un botánico admirable en el mundo de los bípedos -dije, a modo de alabanza.

-Pero los bípedos, esos seres orgullosos, vanidosos, egoístas, que sólo dan importancia a su quehacer en el vasto campo de la Naturaleza, están lejos de ser admirables. No se abren como los capullos a la luz de día, a esa luz que lo baña todo sin distingos. Luz que, desde los orígenes de la vida, sigue su indeleble sesión, invariable e inagotable -manifestó Grag.

-Aquí, en esta estancia cavernosa dentro del álamo blanco, me siento diferente, como si estuviese lidiando con el vacío, o con las sombras que moran en los escondrijos del cosmos. Pero al final, siento la pujanza de un instante luminoso -expresé.

-Amigo Juan: las fronteras de lo vivo son, cada vez más, imperceptibles. Todo forma parte de la unidad, de la totalidad, de un cosmos que se expresa sin rodeos, que responde con su luz y su oscuridad, que es fulgor iluminando toda mente. El universo no es una mente helada, hermética, sino una vocal abierta, un pulsar continuo, una constante abertura de nuevos horizontes que se abren cual abanico, un audaz progresar en la rueda de la vida -hace una pausa y prosigue-. Pero ahora, en esta hora del atardecer, cenemos. El hidromiel y estos fragmentos de moras, grosellas espinosas, guindas silvestres y arándanos que tengo en la despensa, los pondré sobre esta gran hoja verde, que hará las veces de adecuado plato. Si prefieres pétalos de flores variadas, aquí los tengo.

La cena fue jugosa. Cuando terminamos de cenar, dije:

-El Hotel de insectos, en el que nos hallamos alejados cuatro compañeros, fue invadido por tres gigantes mantis y, como consecuencia de ello, me hallo aquí, sin mis alas del lado izquierdo. Pero he oído que han avistado a siluros en el río Rumoroso, de bocas enormes y un par de largos bigotes, y sapos cornudos o 'sapos pacman', anfibios descomunales que paralizan al ser que los mira. ¿Acaso los mecanismos del comportamiento animal han alterado sus patrones, torciéndolos hacia el lado oscuro de la existencia?

-Son tantos los factores que intervienen en el comportamiento animal... Las variaciones ambientales son, desde luego, decisivas para tal modificación del comportamiento. El mundo de los animales y en especial, el de los insectos, es muy complejo. Entre herbívoros, devoradores, parásitos, saprófagos, necrófagos, hematófagos y demás artrópodos, se han originado innumerables relaciones. Si a esto añadimos las aves, reptiles y mamíferos roedores, no es de extrañar que el universo insectil sea el más complejo, variado y susceptible de cambios inimaginables. Yo -que no sé a qué especie pertenezco- y las mantis tenemos un par de patas frontales, lo que nos hace situarnos por encima del resto; a mí, en lo que respecta a las tareas cotidianas y, a ellas, en el campo de la depredación -razonó.

-Cuando te escucho, paréceme que los tuyos son discursos de un sabio antiguo, de un filósofo de la vida, de un metafísico que ha hollado todos los terrenos del ser y del existir. Los tuyos no serán conocimientos librescos, sino revelaciones hondas del ser que medita, que realiza continuas introspecciones, que observa el entorno con ojos abiertos al frío y calor de la vida -manifesté.

-No me alabes, que me sonrojo. Soy un viejo que ha vivido muchos años, que resiste y se defiende como puede, que teme las afiladas garras de un mundo vuelto hacia la depravación. Sólo la belleza de las plantas, incluidas las carnívoras que nada pueden hacerme a menos que yo las pretenda, me extasía, me llena de sueños que escapan del acomodo y de la noticia. Sin ellas, mi entorno sería horrendo, amarillo, macabro -expuso.

-Te comprendo. Se han de tolerar tantos excesos y sortear tantas dificultades... ¡Ay!, tengo sueño -observé.

-Ya puedes buscar tu sitio en la seca rama. Yo no tardaré en hacer lo mismo -repuso.

Ahora, después de mi experiencia como insecto en un mundo que observa desde el suelo y desde lo alto, me hallo buscando en la pequeñez la inmensidad, y en la expresión oral o gestual más nimia del ser más diminuto, la consideración de un contexto tornátil, tan libre en el orden superior que me deja fascinado. En lo más minúsculo he advertido el extraño vínculo con el Alfa y Omega, palabras que también forman parte y son elemento del ser y del existir en un universo dinámico, de rica imaginación, abierto al fluir de una incontenible, cósica, metafórica y espiritual edificación sin límites, sin fronteras, sin tan siquiera discriminación entre lo vivo y lo muerto, pues respira en la absoluta recreación.

6.

En aquella excepcional luz opaca

Me hallaba abrazado a la seca rama, cuando abrí los ojos.

-¡Ea! ¿Ya es de día? -inquirí.

Grag, que se hallaba arreglando la morada, contestó:

-¿No oyes el trino de los pájaros que revolotean alrededor del álamo blanco? -interrogó a su vez Grag.

-¡Ah, sí! Es el canto de pájaros madrugadores -admití.

-¿Sientes aún dolor? -inquirió.

-Tu bendita esencia me lo ha calmado -repuse.

-Ya está preparado el desayuno. Hoy puede ser un gran día. El haberte conocido es grata señal de ello -observó.

Desayunamos, conversando como si nos conociéramos de toda la vida.

Poco después, se oyó un ruido en la puerta, seguido de la siguiente declaración:

-¡Grag: soy Kílor, abre!

-¡Vaya! Mi amigo Kílor. Un membrácido[7] pleno de humor reclama mi presencia -y tras extraer la tapa de corcho de la entrada-. Por fin apareces. ¿Dónde te habías metido? -preguntó Grag.

---

7 Familia de insectos del orden de los hemípteros, sección de los homópteros. Estos insectos son de mediano tamaño, muy ágiles, algunos tienen brillantes colores, y

-En ninguna parte, salvo sobre las verdes hojas, respetando la dignidad de lo que es beneficioso y carece de lengua mordaz. En la verdura se halla el conocimiento de lo más elemental y, también, de lo más elevado -responde Kílor. Y viéndome dentro, añade-. No sé si es buen momento, pues ya tienes grata compañía. ¡Hola!

-Os presentaré. Kílor: este que tienes ante ti, es Juan, un temerario personaje que ha salido victorioso de un épico lance. Sin embargo, en él ha perdido las alas del lado izquierdo de su tórax. Es un ser digno de alabanzas -manifestó Grag.

-En estos tiempos que corren se ha perdido aquella grandeza que nada tiene que ver con la brutalidad. Es, para mí, un honor conocerte, Juan -expresó Kílor.

-Kílor, tu amigo, el perspicaz Grag, me alza con sus alabanzas por los aires. Soy un simple insecto que ha aprendido a disimular su debilidad en este espacio cósmico tan insectil -aclaré.

---

se caracterizan por su cabeza grande y, sobre todo, por su pronoto, muy alto y ancho, prolongado por encima del abdomen, que les da un aspecto inconfundible. Tienen patas robustas y élitros transparentes, y viven sobre las plantas bajas, alimentándose de su savia. Son considerados de aspecto malicioso o diabólico. El que aparece en la escena es un 'umbonia spinosa'. → Hemíptero: Aplícase a los insectos que tienen cuatro alas, siendo las dos anteriores coriáceas, parcial o totalmente, o bien todas más o menos membranosas. Son insectos chupadores. Homóptero: → Dícese de los insectos hemípteros que tienen cuatro alas más o menos membranosas, pero de la misma contextura. → Pronoto: Noto o superficie dorsal del protórax de un insecto.

-De mí dicen que tengo un aspecto horrible, casi diabólico. Pero la fealdad, como la resignación, no son más que un grado de belleza espiritual -objetó Kílor. Hizo una pausa y prosiguió-. ¿Qué os parece si damos un paseo, una vuelta por los aledaños de este hueco del árbol y respiramos un aire que nos inspire sabiduría, bajo los cálidos rayos del sol?

-Ya respiro una bocanada de aire puro -soltó Grag.

-Pero tengamos cuidado con ciertos enemigos de la paz, como el sapo, rana o escuerzo cornudo[8], ese anfibio anuro descomunal que se deleita devorando todo lo vivo (insectos, ranas, lagartijas, otros anfibios, arañas, pequeñas aves, ratas y ratones), el voraz siluro de los ríos (capaz de devorar gaviotas. Moraleja: nunca bañarse en el río), y la gigantea mantis devoradora de pequeñas lagartijas, ranas, serpientes, pequeños roedores y colibríes. Yo ya me las he tenido con una de ellas -avisé.

-Juan, una vez admitido todo lo que acabas de expresar -pero en milenios pasados también existían dinosaurios y pterodáctilos (género de pterosaurios pterodactiloideos)-, nos vendría bien estirar las patas y pasar un rato como hacían los peripatéticos, paseando a la sombra de los árboles, como verdaderos atletas filosóficos, conquistando en rápida carrera un raciocinio

---

[8] También llamado escuerzo de Cranwell y escuerzo del Chaco. Las prolongaciones de hueso cortante (que no son dientes) sirven para aferrar y evitar que escapen sus presas al tragarlas. Sobre los ojos tienen proyecciones similares a cuernos, que les permite confundirse mejor en su medio natural. El escuerzo tiene una función mimética. Tienen la parte trasera de color verde oscuro y son capaces de brincar varias longitudes del cuerpo para capturar la presa.

proverbial, elaborando un pensamiento enciclopédico, como mera terapéutica de disciplina mental. Lo universal se halla en la metafísica y la metafísica se halla en lo universal. Creedme, gracias a los principios avanzó la sociedad insectil herbívora (de la carnívora, pese a su necesidad de ser, abomino), y con menos trastornos -argumentó Kílor.

-Caro Kilor: el dominio de un lenguaje capaz de representarlo todo, tanto la pequeñez como la inmensidad, requiere un esfuerzo mayúsculo, una imaginación (por no decir iluminación) distante del actual mar de sufrimientos -observó Grag, mientras simulaba el cierre de la entrada a la oquedad del árbol, desde fuera.

-Referente a la voracidad, ¿quién diría que un zapatero, un zancudo de agua, un insecto tan pequeño, tan bailarín, tan amante de su imagen especular (quizá pretenda continuamente atrapar a quien ve reflejado en la superficie del agua) pueda ser tan carnívoro? -apunté, mientras caminábamos bajo las matas.

-Plantas carnívoras e insectos depredadores (y demás animales del estilo) no son capaces de indulgencia, su apetencia es llanamente tragonear, mejor seres vivos, pues así despliegan, cada vez más, sus instintos. Un rétor diría que se preparan para un futuro donde la glotonería lo regirá todo -expresó Grag.

-Os pido que cambiéis el discurso. Ese delirio de tragonería me incomoda, crea dentro de mí un vacío aullador. Observad la vistosidad de los rayos de sol al atravesar huecos en la arboleda, captad la loca alegría de multicolores mariposas (incluidas las tóxicas) revoloteando por encima de nuestro caminar y deleitaos con las formas y colorido de los órganos florales de las plantas. Estamos vivos, el extenso orbe ya es consciente de nuestro desahogo. ¿Veis aquella mosca escorpión sujeta a aquel sauce? -manifestó Kílor.

-¿Un sauce de río? ¿El río Rumoroso? -interrogué inquieto.

-El mismo que viste y discursea -soltó Grag.

-Pues, precisamente, en este río se les ha visto devorar todo lo imaginable -repuse, atemorizado.

-¿A quiénes? -inquirió Kílor.

-Pues... al siluro y al sapo cornudo o rana 'pacman', esa especie de anfibio descomunal, al que los niños bípedos temerían más que a las brujas montadas en sus escobas. Cuando, en mis ratos de asueto, me figuraba con detenimiento al siluro, pensaba: "Si también lo viera un baguarí[9] que, por casualidad, se hallara en ese preciso instante quieto, pensativo, a la orilla del río, cómo devora bestialmente una gaviota..." -razoné.

---

[9] Nombre que dan en la Rep. Argentina, Paraguay y Uruguay a una especie de cigüeña de cuerpo blanco, alas y cola negra y de un metro aproximadamente de longitud.

-Amigo Juan, con tus sugerencias me abrumas, me anonadan tus iluminaciones -manifestó Kílor.

En esto, nos acometió un animal de un modo que resultó fallido, gracias a los vegetales que nos cubrían, pero impulsándonos unos metros más allá del helechal y la campanilla (esa especie trepadora, de tallos delgados, volubles y con abundantes ramificaciones), entorno por el que paseábamos. Los tres nos metimos bajo el hueco de una gran piedra. Mirando, un tanto alejados de la boca de la oquedad, vimos unos enormes ojos saltones, unas proyecciones similares a cuernos, unas extremidades cortas y piel de aspecto verrugoso.

-¡La rana 'pacman'! -grité.

Mas no podíamos apreciarla en su conjunto, pues trataba con su boca sin dientes (pero con prolongaciones de hueso cortante) y su lengua cazar lo que ya consideraba sus insectiles presas. Pasados unos minutos, este anfibio devorador se apartó y pudimos ver claramente su rechoncho cuerpo: era un sapo cornudo.

-Esperadme aquí, sin moveros. Volaré a mi morada y traeré tres espinas de cactus 'euphorbia', que servirán para nuestra defensa y, tal vez, para darle un merecido castigo a ese sapo glotón -declaró Grag.

Entonces, salió presuroso y tomó rápido vuelo, sin que el sapo cornudo, viéndolo alejarse, pudiera hacer nada.

Esperamos su regreso. El sapo no se apartaba de la roca y restregaba furioso su lengua por la ranura. Al rato, oímos el ruido de algo al caer contra el suelo cercano: eran dos espinas de cactus 'euphorbia', recias y alargadas.

Seguidamente, oímos el bramar de un organismo que no era sino Grag. Al parecer, tomó la larga espina como lanza en ristre y arremetió, como lo hiciera don Quijote, es decir: tan ufano, al sapo, que este no supo, ciertamente, desde que punto del aire era acometido, pues el insecto jirafa (como nos contó poco después) daba giros y zigzagueaba en el aire. De todo ese esfuerzo de fintas, al final le hincó la larga espina en el ojo izquierdo. Tal fue el dolor del ojo sangrante y ya inservible, que el sapo se retorció en el suelo, emitiendo profundos quejidos.

Fue en ese preciso momento, cuando Kílor y yo, tomando sendas y largas espinas que había en el suelo, se las hincamos con fuerza en el abdomen y tórax. Aquí, el sapo cornudo, había perdido poder y virtudes. Y no tardó, Grag, en descender volando y, tras arrancarle la larga espina del ojo izquierdo, se la volvió a hincar seguidamente en el derecho.

Allí rematamos al bárbaro escuerzo. Como Grag no quiso dar por perdidas las tres largas espinas; recogimos cada cual una, y fuimos caminando en dirección a su morada (no muestres, apreciado lector, ese rostro de incredulidad, pues los audaces insectos, con sus patas, son capaces de realizar tareas insospechadas).

Regresábamos un poco cabizbajos, meditando acerca de lo ocurrido. Pasado un rato, Grag nos relató, con épica entonación, cómo atravesó el ojo izquierdo del sapo cornudo, zigzagueando.

Este episodio sería, sin duda, el principal del libro de bolsillo que publicaría cuando recuperase mi forma bípeda. Nada de citas en salones dieciochescos, nada de pulsos en tabernas portuarias, nada de vodeviles tan inútiles como insoportables.

-Desde los albores de la conciencia insectil, hemos reflexionado sobre los cambios ambientales y cómo influyen en la pauta de los organismos vivos. La psique insectil es muy instintiva, parece como si nada le causara horror o repugnancia. Acaso el orbe insectil no necesita ser ético ni escrupuloso en sus actuaciones. No sé. Pero somos testigos de una barbarie, de una depravación descomunal. Sin códigos éticos es imposible cualquier inclinación hacia la perfección insectil. ¡Es tan escasa, en nosotros, la creatividad no dirigida hacia la depravación, o a evitarla. El camuflaje, la capacidad mimética son necesarios, lo sé. También las adaptaciones a cambios bruscos del medio, tardan generaciones -manifestó Kílor, a la puerta de la morada de Grag.

-Los insectos, apreciado Kílor -repuso Grag-, somos animales que existen, sin conformidad con nada. Somos, verdaderamente, seres sin espejo, ignoramos cualquier trasunto -observó Grag.

7.

El cristal anamórfico

del bien y del mal

Estábamos los tres: Grag el anfitrión, y los dos huéspedes (Kílor y yo) a punto de cenar, cuando oímos un ruido en la puerta.

-¡Abre, Grag: soy Berta, la esfinge roja, acompañada de Lisa, la esfinge azul y de Clara, la esfinge rosa.

-¡Ea! Esto se pone estupendo. Un oportuno azar nos llena de lozanía -soltó Grag, mientras apartaba la tapa de corcho.

Una vez entraron las tres esfinges (diosas de una noche rica en deseos y en ambrosía), volvió a colocar la tapa en su sitio.

-Os presentaré: este es Juan y este Kílor -y añadió, señalando a la mariposa roja- Esta es Berta; esta de color rojo es Clara, y esta de color azul es Lisa.

-Parece que llegamos en buen momento -observó Berta.

-Hay comida para todos. Dispónganse, amables invitadas, a cenar con nosotros. No tardaré en servir exquisiteces, tan apetecibles como vosotras, damas de la noche risueña -expresó Grag.

-Esta noche eres generoso en cumplidos -soltó Berta.

Mas, después de cenar, Grag nos dejó perplejos, por mor de sus altivos y delirantes vocablos. Me refocilé apasionadamente con Clara, aunque me dolía el tórax. Kílor retozó con Lisa, y Grag con Berta. Hubo tanto apasionamiento en la oquedad que, todos, parecíamos perder el sentido, emitiendo débiles ruidos.

Al final, Grag, profirió lo siguiente:

-Esta noche de vicio, ocúltense los apocados, los timoratos, los gazmoños, los pánfilos, los mojigatos, los saturninos, porque vamos a salirnos de madre, vamos a orillar el placer que exalta y enmudece, a la vez. Un delirio pleno de imágenes erótico-oníricas nos conmoverá y hará temblar, levantándonos ante la contemplación de los venustos cuerpos esfíngicos que tenemos a la vera. ¡Y que toquen pífanos acompañándonos en nuestra esplendorosa danza erótica, pues nos hallamos bien dispuestos y garbosos, incluso en las apetecibles nalgadas! Socarrones en la voluptuosa fruición, nada nos avienta ni espanta. Bajo este silencio atronador, en esta memorable rapsodia de amor, en esta cosmovisiva consonancia, tan pareja con los vaivenes cósmicos, nos hacemos omnipresentes, con un diablo risueño en el cuerpo. Sí, somos guasones sotorriéndonos de la mojigatería. ¡Pardiez, no somos consiliarios!

Después del infinito placer sexual, tuve sueño y me abracé a la seca rama. Un estrambótico ensueño, también envuelto en vigilia, me sumió en un mundo de textos y contextos inverosímiles. Viéndome tan minúsculo -si bien todavía eran más diminutas las bacterias, y no digamos de los bacteriófagos, esos virus que las infectan-, busqué mi forma bípeda en la introspección.

Perdidas las alas del lado izquierdo del tórax, me hallaba en una situación delicada, ya que cualquier devorador de insectos (sea volador o terráqueo) podría buscar fácilmente su alimento en mí. Pero, me preguntaba en el sueño: "¿Y el poder de la imaginación, de la bípeda imaginación que aún conservo?". Creo, bien visto, que no me hallo en un aprieto, que muchas son las salidas a mi personal situación, a esta situación de delirio, de avatar, de transformación corporal (que no espiritual) indeseada. No obstante, siempre dije, cuando era bípedo, que había que acercarse a lo minúsculo, que la asombrosa perspectiva de lo diminuto, desde la visión de la pequeñez, era necesaria y serviría para ampliar el conocimiento acerca de lo vivo.

El panorama, ciertamente, ha cambiado. Los enemigos pululan a mi alrededor, como antes de la transformación lo hacían las moscas en el estío. No quiero ocultarme, temeroso, bajo esta capa insectil, y permitir que la negrura haga estragos en mi universo interior. Poseo la forma de un insecto, pero mi mente, mi espíritu, esa imaginación que me alza por encima de lo grosero, de lo turbio, de la barbarie, reina en mi ser, como la reina de las facultades que es. No, mis atributos de persona aún no han desaparecido. Una peripecia, por mi asombrosa o extraordinaria que fuere, no podrá arrebatarme la lucidez, la consciencia de animal bípedo inteligente. Sin embargo, rodeado, en plena naturaleza, de chinches y pulgones me veo tan desquiciado, ¡ay! ¡Y no digamos de los sustos que me ocasionan los inmóviles insectos palo, los insectos hoja, o las moscas escorpión! En cuanto a los saurios... ¡que Júpiter todopoderoso me asista!

¡Que no! Este mundo insectil, tan variopinto y abigarrado, no es para mí. Libélulas, viudas negras, escorpiones, lagartos, ratones y demás animales sin ningún sentido del honor, andan por ahí relamiéndose de gusto en cuanto nos ven llegar. Tanto es así que, desde que soy insecto, no prorrumpe de mí un suspiro, ni ninguna manifestación de ánimo. Soy un cero a la izquierda, falto ya de idealidad o elevación, no ya cósmica sino poética.

Recuerdo cómo me infundían realidad, una realidad que envolvía el mero conocimiento terráqueo, los hechos de la mitología griega. Aspiraba a conversar con Atenea, con el cáustico Momo... y con las Moiras, personificaciones del destino de cada cual, de la suerte que le corresponde en este mundo. Y, ahora, siendo corporalmente un insecto (que no en mi psíquismo), discutía con Láquesis (la que corta el hilo de la vida) el porqué de mi actual naturaleza, deseando saber qué mago (¿acaso un mago de la antigua Persia?), o dios pagano, había operado en mí semejante transformación. Pero la que corta el hilo de la vida, callaba. Y las otras dos, a saber: Átropo (la que hilaba), y Cloto (la que lo enrollaba) permanecían mudas. Sin protección, lejos de los valores que tiempo atrás enaltecían al hombre, moriré como vil insecto, tragado por algún ofidio, devorado por vil insecto volador, o alimaña, cuyo nombre prefiero que permanezca en el olvido.

No obstante, en mis honduras, la unidad del ser no se rompe tras la primera célula. ¡De ningún modo! Aunque se siembre el terror, el ser y el existir estarán presentes en todo pensamiento racional y en todo instinto animal que busque la supremacía de la vida por encima del ansia devoradora. Ya siento la pegajosa lengua protráctil de la rana atrapándome, tragándome, deleitándose con las sustancias de mi cuerpo. Pero resistí y nunca fui un plantón por mor del miedo. Este personaje que represento ahora, flotará quizá en el recuerdo cuando recupere mi forma bípeda. Un sueño dentro de un sueño es rareza que no acabo de asimilar.

Este, en que estoy, es un viaje que rompe con cualesquiera monotonías. Aquello de observar la lluvia tras los cristales, ¡qué cosa tan anodina, tan aburrida, tan a la orilla de la atroz existencial insectil! Sepa el apreciado lector que, el narrador de este libro, sea cuento o mera ficción, nunca se esconde, que ha sido testigo de hechos atroces, bien con consciencia bípeda o insectil, que siempre trató sobre las virtudes de los animales, plantas y piedras (aún no ha tratado las características medicinales de algunas de estas) con un corazón sincero, sentimental y delicado, aunque mientras tuvo la forma corporal de insecto no rechazó la lujuria. El narrador, cuando insecto, se movía en un contexto que no sólo exigía lucidez idiomática, sino también poética. Recuerdo que una vez, en un corro formado en un calvero del bosque, bailé con toda clase de insectos herbívoros, olvidado del inevitable patetismo de mi situación vital. Pero... ¿cómo juzgar la vida, la generosa existencia? ¿Con qué vocablos transmitir lo que agradablemente cunde por nuestras venas?

Muy pronto comprobé que era insecto apetecible de toda clase de pájaros insectívoros, en una clasificación rigurosa. Esto lo afirma quien, siendo insecto, dejó a un lado la doctrina del alma y se apartó de devaneos o entretenimientos frívolos. La lucha no era por la vida, entendida como existencia, sino por el alimento. Y esta consideración me abismaba, me arrinconaba y aislaba.

8.

Será energía espiritual que dimana
de una visión divina

Cuando desperté ya no se hallaban, en la morada de Grag, Kílor y las tres esfinges atractivas con las que los machos nos refocilamos aquella noche de esplendoroso plenilunio.

Desayunamos lo que tenía preparado mi anfitrión y, luego, dijo:

-Necesito fragmentos de grosella espinosa. Ahora saldré. Espero que me acompañes, caminando, pero pertrechados, cada uno, con una espina de cactus 'euphorbia'; servirá en nuestra defensa.

-Desde luego que te acompañaré -confirmé.

Salimos de la oquedad del álamo blanco y caminamos portando, cada cual, la alargada espina. Cuando nos hallamos rodeados de coníferas, una escolopendra[10] husmeaba mi trasero. Me puse en guardia, como un caballero andante sin caballo, y espina en ristre, solté:

-¡Atrévete! Da un paso más y te atravieso la garganta.

-Basta con que te pique con mis dos uñas venenosas y sentirás atroz muerte -repuso.

---

[10] Nombre común de varias especies de miriápodos carnívoros. Se alimentan de grillos, polillas, lombrices y pequeñas arañas.

Entonces se oyó un crujido proveniente de la copa de un pino. Grag, que se hallaba a la defensiva y dispuesto también a arremeter, gritó:

-¿Eres Luc? ¡Si eres Luc necesitamos tu ayuda. Soy Grag, tu caro amigo, y nos hallamos en peligro!

Entonces un vivaz piquituerto[11], voló hacia nosotros percatándose de nuestra adversa situación. Observó con detenimiento al miriápodo y, volando con vehemencia, lo atravesó con su pico, cerca de la cabeza.

-¡Quedamos agradecidos de tu salvamento! Esta era una situación terrible, de difícil manejo, incluso portando las defensivas y largas espinas -expresó Grag.

-Resuelta la situación, id con cuidado; yo regreso a mi alimento -manifestó Luc alzando el vuelo hacia la copa del pino.

Minutos después oí un disparo cercano.

Por fin llegamos a un grosellero silvestre. Grag soltó la larga espina y voló hacia los frutos del arbusto. Allí los fue separando de la planta (llegó a separar cinco frutos); y yo, abajo, los oía golpear el suelo con estruendo. Fue entonces, cuando una lagartija se me acercó sigilosa por detrás, de esas que se alimentan de insectos como yo. Seguramente surgió de un pedregal. La miré hipnotizado: los ojos se me salían de las órbitas. Y exclamé, a mis adentros: "¡Que Indra, el primero y más grande de los dioses védicos, señor

---

11 El piquituerto es un pájaro conirrostro fringílido, de mandíbulas muy encorvadas, con las cuales saca los piñones de las piñas y los parte.

del cielo, del aire y del rayo, me asista! Y si no puede, por hallarse en compromisos más urgentes, que Vishnú, el durmiente, se despierte y me proteja".

Pronto mudé el rostro del que flotó una sonrisa, pues un lagarto de un tamaño superior a la lagartija ya la estaba saboreando en sus adentros. La carne de la lagartija, pensé, es más apetitosa que la mía; la elección del lagarto es clara. Pero el lagarto, como todos ustedes saben, también consume pequeños insectos, como yo. Así que, en cuanto vi que estaba a punto de lanzarse sobre ella, puse patas -acéptenme lo de patas, aunque no sea conveniente frase coloquial, pero se ajusta a mi actual morfología- en polvorosa escondiéndome en el pedregal.

No obstante, si hubo devoradores abajo, Grag, arriba, mantuvo una discusión que degeneró en pugna (como luego me contó) con un ino. El ino[12] hubo de abandonar el combate y alejarse a otra sección del arbusto.

Cuando Grag voló posándose a mi vera, me dijo:

-Ven. Mira: en este saliente puntiagudo de la piedra los golpeo y fragmento. Luego los coloco en una hoja verde que me llevo volando a mi morada. Transportarlos a pie es muy esforzado. Así que, cuando termine la labor, me esperas escondido en el lugar que me indiques, hasta que yo

---

[12] El ino es un insecto lepidóptero, cuyas especies son de colores brillantes y atacan el grosellero.

regrese a tu vera. Juntos es más difícil que nos ataquen y, además, portaremos las largas espinas.

-Bien pensado -admití.

No bien le indiqué donde lo esperaría -una pequeña oquedad entre las piedras-, comenzó a volar, llevando sujeta a su tórax la carga frutal. Una de las largas espinas la dejé junto a la oquedad; con la otra penetré en el agujero por si fuese necesaria mi defensa. Un petirrojo, posado en un árbol cercano, observó toda la escena y vio en mí su ansiado alimento. Voló hasta la boca de la oquedad, esperando, quizá, una distracción mía.

-Desde dentro, sin asomar la cabeza, le solté:

-Como soy un insignificante insecto, no muestras una postura agresiva, levantando la cola, abriendo las alas y haciendo ostentación de la intensa coloración de tu pecho. Pero he aquí que mi astucia insectil va más allá de tus ganas. Esta aguzada punta que ves, será tu perdición.

-Tus acertadas palabras me han convencido. Será mejor que busque el alimento en otra parte y te deje en el agujero, apartado del mundo exterior. Víveres que alienten, hay por doquier -repuso el petirrojo.

-Esos, a los que tú llamas víveres que alienten, son seres que respiran, procrean y representan un papel en el gran drama de la vida. Más te valiera discernir la diferencia que existe entre el cielo y el infierno -añadí.

-Bien, quedo convencido. Me alejo de ti -concluyó el petirrojo.

No pasaron ni cinco minutos cuando vi una sombra cerca de la boca de la oquedad. Al parecer, de unas ramas que se alzaban por encima de las piedras donde me hallaba, se había desprendido un hilo, y en el extremo del hilo iba una araña cebra, la 'salticus scenicus'; esa araña de color negro con algunas rayas blancas y de largos quelíceros. Sus ocho ojos (es conocida por su excelente visión) habían observado la escena anterior. Sus saltos para capturar la presa, son de todo el mundo animal conocidos.

Se puso en la boca del agujero y trató de penetrar. Entonces pinché, como pude, con la larga espina su horrenda cabeza. En esto llegó volando Grag, y cogiendo la larga espina de afuera, ascendió y dirigiéndose en picado -espina en ristre- se la clavó en el abdomen a la araña. Ésta se revolvió de dolor, emitiendo doloroso grito, y giró sobre sí, arrastrando, hincada en su cuerpo, la alargada espina.

Viéndome libre y sin enemigo a las puertas de la oquedad, salí. Grag ya se había posado en el suelo, a mi vera.

-¿No le quitarás la espina? -pregunté.

-Es mejor que sufra, mientras su mente se precipita al más allá. Debido a la mortal herida, no puede salvarse; y con cada movimiento su dolor y sufrimiento serán insoportables.

Caminamos contentos hacia la morada de Grag habiendo superado todas las vicisitudes. Esas adversidades las conocía mi amigo y anfitrión: un ser que rebasaba los trescientos años. Dada su experiencia, conocía el contexto donde vivía como la punta de sus patas. Aquel, que parecía un bosque inmenso, era el espacio donde se explayaba, observando la belleza de flores y plantas, donde contemplaba el color rosado claro y suave de la aurora, de las auroras de rosicler. En lo más hondo de mi ser, ya presentía que mi etapa insectil tocaba a su fin, que en próximos ocasos, tras despedirnos (Hans y yo) de las hermosas mariposas (de Virna y Jara), regresaríamos al mundo de los humanos, a ese mundo no menos arbitrario, convencional y pleno de depravaciones, corrupciones y guerras.

Cuando entramos en la morada de Grag, atardecía. Entre el polen y las hierbas aromáticas, mi cuerpo despedía un olor demasiado fuerte, demasiado embriagador. El polvillo del suelo, parecía mantenerme en la misma rueda cósmica.

-Tomemos aguamiel; será refrescante -dijo Grag, con un rostro que revelaba alegría. Y añadió-. Por ahora, hemos salido bien parados de todos los depredadores, que no son pocos.

-Aquí, en este bosque, la lucha por la supervivencia es continua. No hay minutos de calma, de sosiego, de sueños esperanzadores, salvo en tu morada. Quizá este hecho nos haga más fuertes, más diversos en la morfología, tan empecinados milenarios como siempre fuimos. Pero siento que nos falta más examen de conciencia; aunque, bien considerado, de nada les sirve semejante examen a los bípedos en su mundo tan desquiciado, donde la hambruna, la miseria y la depravación se afianzan en grandes sectores de población. Finalmente, confieso que yo, como el excelso Kabir (poeta hindú) me alejo del apego excesivo a ritos y ceremonias, pues considero, como él, el peligro de caer en la más parvularia idolatría -expresé en breve discurso.

-Amigo Juan -manifestó Grag, distribuyendo el aguamiel-: tus discursos, nunca oscuros, resplandecen en esta íntima estancia, plenos de fulgor, que ya parecen soles que iluminan nuevos horizontes de nuestra visión insectil.

9.

Impulsado por una acción mágica

Aquella noche, después que contempláramos el ocaso, tumbados sobre una verde hoja, fuera de la oquedad, se me cerraban los ojos y decidí abrazarme candorosamente a la rama seca del fondo de la estancia y soñar. Soñé con aquellos seres, ya sean insectiles o bípedos, que son ajusticiados sin razón, sin derecho que los ampare. Y mis sueños, recorriendo todos los grados de locura, me mostraron mundos puros, plenos de sensatez y de amor. Los éxitos de los malvados se desvanecían como neblina en la hora más inexacta. Todo lo viviente asumía la obligación de ser honorable con el entorno, sin conquistar voluntades, sin causar atropellos, sin zaherir lo que se manifiesta con loable disposición y prestancia.

¿Por qué ha de existir y medrar la maldad?, me preguntaba en el sueño, en un sueño en el que apenas exhalaba aliento. Hay grietas en la existencia, oquedades de las que aflora lo nauseabundo, rajaduras cuya presencia ocasionan tribulaciones sin cuento. Hace pocos días, cuando era bípedo, desconocía muchas cosas, me faltaba el enjuiciamiento desde el mundo insectil, ese mundo tan antiquísimo. Ahora, que sé cómo se mueven, cómo retozan, cómo se alimentan, qué depravaciones los mueve, me iré, atesorando una vasta experiencia.

Cuando me desperté, Grag ya había preparado el desayuno.

-¡Al desayuno, apreciado amigo! -exclamó Grag.

Desayunamos con apetito, la sabrosa exquisitez de sus alimentos. Notaba, sin mirar, que el ambiente se embellecía, que una hermosura celeste se aposentaba a nuestra vera.

En ese instante, se oyó un rápido aleteo de pájaro tras la puerta. Y después del aleteo:

-¡Soy Cliv. Bar me envía a recoger y trasladar a Juan al Hotel de insectos! -se oyó, con potente voz.

Pero antes de quitar la tapa de la puerta:

-Has de jurar que no nos harás ningún daño, ni a Juan ni a mí -soltó Grag.

-Lo juré ante Bar y doy ahora mi palabra, que es mi honor -profirió el pájaro que había en la puerta que, sin duda, se trataba de Cliv.

Me despedí de Grag y ambos salimos sin temor de la oquedad, morada de mi anfitrión, y que fue grata estancia de algunas de mis horas insectiles.

Afuera, un pájaro mosca, un precioso colibrí nos esperaba.

-Enlazaré mis patas que servirán como agarre para ti, y en un tris te llevaré volando al hotel -expresó Cliv.

-Espero que nos volvamos a ver. Tu ilustración e imaginación las echaré, desde ahora, en falta -manifestó Grag.

-La nuestra ha sido una relación digna de ser recordada y que jamás olvidaré. También deseo que nos volvamos a encontrar en parecidas o mejores circunstancias -observé.

Cliv, tras rápido aleteo, alzó el vuelo y desde tan móvil atalaya pude contemplar el bosque, cada singular zona boscosa, la exuberante vegetación y colorido. No tardamos en llegar cerca del hotel, pues Cliv, siendo insectívoro, optó por no enfrentarse a los guardianes del hotel.

-¡Gracias por tu ayuda! -exclamé.

-Al casi inmutable, al soñador, al espíritu que discurre con la fosforescencia, a mi tan honorable como lento amigo Bar, se lo debes -repuso Cliv.

A la entrada del Hotel de insectos:

-Te recuerdo, pero no te reconozco: ¡has perdido las alas de tu lado izquierdo! -expresó un centinela de la entrada. Y añadió-. ¡Pero has sido el primer héroe de este hotel!

-¡Gracias, por tus elogios! -repuse.

Entré en el vestíbulo y me dirigí a Información. El empleado que realizaba esa tarea me reconoció:

-Pero... ¡si eres Juan!, nuestro primer héroe del hotel.

-El mismo, pero sin sus alas del lado izquierdo -contesté. Y añadí-. ¿Sabes si están en el hotel Hans, Virna y Jara, los tres que se alojaban en la habitación 235?

-Ahora, precisamente, se hallan en el comedor -repuso.

Y hacia el comedor me dirigí. A la vera de la estera redonda de sauce, en que se hallaban mis amigos, me situé, intentando que mi presencia pasara inadvertida, por momentos. Mas pronto se alzaron vítores que me sonrojaron.

-He aquí al héroe, a quien algunos daban por perdido y otros como el ser victorioso que acabó con la primera mantis gigante.

-¡Viva el valeroso integrante de la comunidad! -gritaron unos.

-¡Viva el hazañoso miembro del hotel! -chillaron otros.

-¡Qué suerte que estás vivo! -exclamó Virna.

-Rezaré a los dioses paganos, por ello -soltó Hans.

* * *

En un habitación hay un hombre durmiendo en lecho solitario. De repente suena la alarma del despertador. El hombre se incorpora y detiene, con su índice, el sonido. Ese hombre es Juan.

-¡Córcholis, cómo latía mi corazón! Vaya pesadilla insectil. No he conseguido, precisamente, acariciar un sueño dorado. ¡Vaya, pero si son las siete y media! Llegaré tarde al trabajo.

Badalona a 08/06/2015

*   *   * F I N * * *

www.ingramcontent.com/pod-product-compliance
Lightning Source LLC
Chambersburg PA
CBHW072308200526
45168CB00014B/887